12
1970

Faserforschung und Textiltechnik

WISSENSCHAFTLICH-TECHNISCHE ZEITSCHRIFT FÜR DIE CHEMIEFASER- UND TEXTILINDUSTRIE

AUS DEM INHALT

Danz, Dechant und Ruscher
Berechnung der Normalschwingungen eines ebenen Modells von Polyäthylenterephthalat

Conti und Sorta
Über die Abkühlung des spinnenden Fadens

Wiesener
Differential-thermoanalytische Untersuchungen an Polyäthylenterephthalat
V. Isotherme Messungen im Temperaturbereich von 220 bis 260 °C

Philipp, van Nghi und Baudisch
Untersuchungen zum Einfluß von Carboxyl- und Carbonylgruppen auf den Verlauf des thermischen und äthanolytischen Abbaus der Cellulose
3. Mitt.: Zur Änderung des Carbonylgehaltes bei thermischer Behandlung von Cellulosepräparaten und seinem Einfluß auf den Abbauverlauf

Glöckner und Kuhnhardt
Über den Einfluß von periodischen Temperaturänderungen auf die Trennleistung der Säulenfraktionierung

Jaeger, Jakob und Reinisch
Gelteilchenbestimmung in Polycaprolactamlösungen

El-Garf
Synthese von Pfropfcopolymeren auf Polyvinylacetat und Polyvinylacetatfasern

Dinse und Ewert
Über die polarographische Titandioxid-Bestimmung in mattierten Polyäthylenterephthalat- und Polycaproamidmaterialien

Neue Bücher

Patentschau

Literaturschau

AKADEMIE-VERLAG BERLIN

Faserforsch. u. Textiltechnik • 21. Jahrg. • Heft 12 • Seiten 501—552 • Berlin im Dezember 1970

Professor Dr.-Ing. WALTER FRENZEL

Mitbegründer und bis Ende 1962 Mitherausgeber unserer Zeitschrift

*** 29. Sept. 1884** **† 14. Okt. 1970**

DK 678.674'524'420:539.26:543.422.4

Danz, Rudi, Dechant, Johannes, und *Ruscher, Christian*

Berechnung der Normalschwingungen eines ebenen Modells von Polyäthylenterephthalat

Faserforsch. u. Textiltechnik **21** (1970) 12, S. 503—508.
7 Abb., 2 Tab., 21 Lit.

Mit Hilfe der Normalkoordinatenanalyse wurden die Schwingungsfrequenzen und Schwingungsformen eines ebenen Modells des Polyäthylenterephthalatmoleküls berechnet. Es wurde gefunden, daß die Ordnungsbanden 973 cm^{-1}, 437 cm^{-1}, 387 cm^{-1} und 138 cm^{-1} Schwingungen zuzuordnen sind, an denen Atome der OCH_2CH_2O-Gruppe maßgeblich beteiligt sind. Daraus wird geschlossen, daß die Strukturabhängigkeit dieser Banden in der Konformationsumwandlung der OCH_2CH_2O-Gruppe begründet ist.

DK 677.021.125.2 932:677.4.061.7:66.047.355:66.065.32

Conti, Walter, und *Sorta, Ennio*

Über die Abkühlung des spinnenden Fadens

Faserforsch. u. Textiltechnik **21** (1970) 12, S. 509—513.
6 Abb., 2 Tab., 9 Lit.

Temperatur und Durchmesser eines frisch ersponnenen Fadens als Funktion des Abstandes vom Spinnkopf werden mittels eines Gerätes gemessen, das die Infrarotstrahlung des Fadens mit Hilfe der differentiellen Kondensation von Öldämpfen auf einer Membran registriert, auf die das Infrarotbild des untersuchten Körpers projiziert wird („Evaporograph"). Die experimentellen Ergebnisse werden mit der halbempirischen Theorie von *Andrews* verglichen, die nach einer Modifizierung zur besseren Erfassung des Gebietes in der Nähe des Spinnkopfes eine gute Übereinstimmung mit den Meßwerten ergibt.

DK 678.674'524'420:542.943:536.43:541.124.2:541.128.34

Wiesener, Ernst

Differential-thermoanalytische Untersuchungen an Polyäthylenterephthalat
V. Isotherme Messungen im Temperaturbereich von 220 bis 260 °C

Faserforsch. u. Textiltechnik **21** (1970) 12, S. 514—518.
5 Abb., 5 Tab., 4 Lit.

In der Arbeit wird über isotherme DTA-Messungen an Polyäthylenterephthalat im Temperaturbereich von 220 bis 260 °C berichtet. Unter Luftatmosphäre wird ein Oxydationspeak festgestellt, dessen Induktionsperiode ein Maß für die Oxydationsbeständigkeit von PÄT darstellt. Aus der Temperaturabhängigkeit der Induktionsperiode wird die Aktivierungsenergie der Initiierungsreaktion bestimmt.

DK 547.458.81:633.511:677.463:546.157'33:546.133.3'33
[536.495:542.92]:541.24:542.943:547.28/.29 024

Philipp, Burkart, van Nghi, Dinh, und *Baudisch, Josef*

Untersuchungen zum Einfluß von Carboxyl- und Carbonylgruppen auf den Verlauf des thermischen und äthanolytischen Abbaus der Cellulose
3. Mitt.: Zur Änderung des Carbonylgehaltes bei thermischer Behandlung von Cellulosepräparaten und seinem Einfluß auf den Abbauverlauf

Faserforsch. u. Textiltechnik **21** (1970) 12, S. 519—522.
3 Abb., 6 Tab., 7 Lit.

Der Einfluß des Carbonylgehaltes auf den thermischen Abbau von ein- und zweistufig mit verschiedenen Oxydationsmitteln oxydierten nativen Baumwoll-Linters und Normalviskoseseide wird untersucht.

DK 543.436:543.541.3:536.42:541.24

Glöckner, Gottfried, und *Kuhnhardt, Rosemarie*

Über den Einfluß von periodischen Temperaturänderungen auf die Trennleistung der Säulenfraktionierung

Faserforsch. u. Textiltechnik **21** (1970) 12, S. 523—528.
6 Abb., 1 Tab., 12 Lit.

Die Trübungstitration eignet sich nicht nur zur Bestimmung der rel. Molekülmasse an sehr kleinen Fraktionen, wie sie z. B. bei der analytischen Fraktionierung nach *Baker* und *Williams* anfallen, sondern sie liefert darüber hinaus Informationen über die Verteilung innerhalb dieser Fraktionen und ermöglicht damit Schlußfolgerungen hinsichtlich der Trennschärfe. Unter Verwendung dieser Methode wurde die Leistung der Säulenelution mit Lösungsmittelgradient und periodischen Änderungen der Temperatur der ganzen Kolonne, die *Polaček* angewandt hat, mit der einer *Baker/Williams*-Fraktionierung mit linearem Temperaturgradienten verglichen.

DK 678.675'126:541.182.041:543.257.5

Jaeger, Werner, Jakob, Werner, und *Reinisch, Gerhard*

Gelteilchenbestimmung in Polycaprolactamlösungen

Faserforsch. u. Textiltechnik **21** (1970) 12, S. 529—536.
10 Abb., 1 Tab., 41 Lit.

Gel- und Feststoffteilchen in Polycaprolactamlösungen können mittels konduktometrischer Impulsteilchenzählung erkannt werden. Die analytische Partikelbestimmung wird beschrieben, Einflußgrößen und Fehlerquellen werden diskutiert.

DK 678.7 - 137.453.2:677.494.744.422:677.862.25:542.941/.943

El-Garf, Sami Abdel Monem

Synthese von Pfropfcopolymeren auf Polyvinylacetat und Polyvinylacetatfasern

Faserforsch. u. Textiltechnik **21** (1970) 12, S. 537—540.
3 Abb., 5 Tab., 7 Lit.

Zur Modifizierung der Eigenschaften des Polyvinylacetats (PVAc) wurden Pfropfcopolymere mit Acrylnitril als zweiter Komponente gebildet. Die Initiierung der Pfropfpolymerisation erfolgte mit einem Redoxsystem, als Oxydationsmittel wurden Ce^{4+}-Salze verwendet. Die Pfropfpolymerisation erfolgte auf partiell verseiftes PVAc in Form von Granulaten bzw. Fasern. Der Einfluß des Verseifungsgrades und der Reaktionsdauer auf die Eigenschaften des Pfropfcopolymeren, insbesondere der gepfropften Fasern, wurde untersucht.

DK 678.674'524'420:678.675'126:[543.253:546.824 - 31]:677.021.123.64

Dinse, Hans-Dieter, und *Ewert, Karl-Heinz*

Über die polarographische Titandioxid-Bestimmung in mattierten Polyäthylenterephthalat- und Polycaproamidmaterialien

Faserforsch. u. Textiltechnik **21** (1970) 12, S. 541—543.
3 Tab., 18 Lit.

Es wird eine Methode beschrieben, nach der der Mattierungsmittelgehalt von Polymeren auf polarographischem Wege bestimmt werden kann. Die Polymersubstanz wird hierzu oxydativ zerstört und das Titan in schwefelsaurer Lösung in Gegenwart von Oxalationen polarographiert. Gegenüber den bisher angewandten Verfahren besitzt diese Methode den Vorteil, daß der Mattierungsmittelgehalt bei geringer Probeneinwaage in verhältnismäßig kurzer Zeit bestimmt werden kann.

Neue Bücher S. 544—547.

Patentschau S. 547—549.

Literaturschau S. 549—552.

Die Zeitschrift „Faserforschung und Textiltechnik" erscheint monatlich in Heften zu 48 Textseiten im Format A 4. Der Preis für das Einzelheft beträgt M 15,— (Sonderpreis für DDR M 9,—), für den Vierteljahrbezug M 45,— (Sonderpreis für DDR M 27,—), zuzügl. Bestellgeld. Die Berechnung erfolgt zu Beginn eines Vierteljahrs für 3 Hefte. Bestellungen aus dem Gebiet der Deutschen Demokratischen Republik an ein Postamt, eine Buchhandlung oder den Verlag, aus der Deutschen Bundesrepublik an eine Buchhandlung oder die Auslieferungsstelle Kunst und Wissen, Erich Bieber, 7 Stuttgart 1, Wilhelmstraße 4—6, aus dem Ausland an eine Importbuchhandlung, den Deutschen Buch-Export und -Import GmbH., 701 Leipzig, Postschließfach 276, oder den Akademie-Verlag GmbH., 108 Berlin, Leipziger Str. 3—4 (Fernruf: 220441; Telex-Nr. 0112020; Postscheckkonto 35021) erbeten. Bestellnummer dieses Heftes: 1014/21/12. Alleinige Anzeigenannahme DEWAG-WERBUNG, 102 Berlin, Rosenthaler Str. 28/31, und alle DEWAG-Betriebe in den Bezirksstädten der DDR. — Bestellungen in der UdSSR nehmen entgegen: Städtische Abteilungen von „SOJUZPECHATJ" bzw. Postämter und Postkontore.

Herausgeber und verantwortlich für den Inhalt: Prof. Dr. Dr. Erich Correns, Institut für Faserstoff-Forschung der Deutschen Akademie der Wissenschaften zu Berlin, 153 Teltow-Seehof, Fernruf: Teltow 4831; Prof. Dr.-Ing. habil. Wolfgang Bobeth, Institut für Technologie der Fasern der Deutschen Akademie der Wissenschaften zu Berlin, 801 Dresden, Hohe Str. 6, Fernruf: 44721; Prof. Dr.-Ing. Hans Böhringer, Institut für Textiltechnologie der Chemiefasern Rudolstadt, Fernruf: Rudolstadt 2031; Prof. Dr. Hermann Klare, Prof. Dr. habil. Burkart Philipp und Dr. habil. Christian Ruscher, Institut für Faserstoff-Forschung der Deutschen Akademie der Wissenschaften zu Berlin, 153 Teltow-Seehof, Fernruf: Teltow 4831. Schriftleiter: Joachim Brämer und Dipl.-Chem. Ingeborg Ruscher, 153 Teltow-Seehof, Kantstr. 55. Verlag: Akademie-Verlag GmbH., 108 Berlin, Leipziger Str. 3—4. Satz und Druck: Druckhaus „Maxim Gorki", 74 Altenburg. — Veröffentlicht unter der Lizenznummer 1280 des Presseamtes beim Vorsitzenden des Ministerrates der Deutschen Demokratischen Republik.

Manuskriptsendungen sind an einen der Herausgeber oder die Schriftleitung zu richten. Für Inhalt und Form gelten die „Richtlinien für die Annahme und Abfassungen von Beiträgen", erhältlich von der Schriftleitung. Die Verfasser größerer wissenschaftlicher Arbeiten erhalten außer dem Honorar ein Heft und 50 Sonderdrucke ihrer Arbeit unentgeltlich. Nachdrucke sowie Übersetzungen in fremde Sprachen des Inhalts dieser Zeitschrift und deren Verbreitung — auch auszugsweise mit Quellenangabe — bedürfen der schriftlichen Vereinbarung mit dem Verlag.

Faserforschung und Textiltechnik

WISSENSCHAFTLICH-TECHNISCHE ZEITSCHRIFT FÜR DIE CHEMIEFASER- UND TEXTILINDUSTRIE

Band 21 | Dezember 1970 | Heft 12

Berechnung der Normalschwingungen eines ebenen Modells von Polyäthylenterephtalat[1)]

Rudi Danz, Johannes Dechant und Christian Ruscher

Deutsche Akademie der Wissenschaften zu Berlin, Institut für Faserstoff-Forschung in Teltow-Seehof, Abteilung Physik

DK 678.674'524'420:539.26:543.422.4

Mit Hilfe der Normalkoordinatenanalyse wurden die Schwingungsfrequenzen und Schwingungsformen eines ebenen Modells des Polyäthylenterephthalatmoleküls berechnet. Es wurde gefunden, daß die Ordnungsbanden 973 cm^{-1}, 437 cm^{-1}, 387 cm^{-1} und 138 cm^{-1} Schwingungen zuzuordnen sind, an denen Atome der $-OCH_2CH_2O$-Gruppe maßgeblich beteiligt sind. Daraus wird geschlossen, daß die Strukturabhängigkeit dieser Banden in der Konformationsumwandlung der $-OCH_2CH_2O$-Gruppe begründet ist.

Расчет нормальных колебаний плоской модели полиэтилентерефталата

Проведен расчет частот и видов колебаний плоской модели молекулы полиэтилентерефталата при помощи анализа нормальных координат. Установлено, что полосы 973 $см^{-1}$, 437 $см^{-1}$, 387 $см^{-1}$ и 138 $см^{-1}$ следует приписать колебаниям со значительным участием атомов группы $-OCH_2CH_2O-$. На основании полученных результатов сделан вывод, что структурная зависимость этих полос обусловлена превращением конформации упомянутой группы.

Calculation of the Normal Modes of a Planar Model of Polyethylene Terephthalate

The modes and frequencies of the molecular vibrations of a planar model of polyethylene terephthalate were calculated by normal coordinate analysis. The bands at 973 cm^{-1}, 437 cm^{-1}, 387 cm^{-1} and 138 cm^{-1} were assigned to vibrations in which the atoms of the $-OCH_2CH_2O$-group are predominantly involved. Thus, the dependence of these bands on the structure is suggested to be caused by conformational changes of the $-OCH_2CH_2O$-group.

1. *Einführung*

Die Vergrößerung des Ordnungsgrades von PÄT spiegelt sich in den UR-Spektren darin wider, daß die relativen Intensitäten der Ordnungsbanden zunehmen und die relativen Intensitäten der amorphen Banden abnehmen [1]. *Ward* und *Miyake* begründeten die Intensitätsänderungen der strukturabhängigen Banden mit der Konformationsumwandlung der $-OCH_2CH_2O$-Gruppe [2 bis 6]. Die Autoren folgerten aus ihren Untersuchungen, die an Vergleichssubstanzen — gerecktem und deuteriertem PÄT — ausgeführt wurden, daß die Banden 1473 cm^{-1}, 1343 cm^{-1}, 973 cm^{-1}, 845 cm^{-1} und die Banden 1455 cm^{-1}, 1370 cm^{-1}, 1043 cm^{-1}, 897 cm^{-1} Schwingungen der trans- bzw. gauche-Konformation der $-OCH_2CH_2O$-Gruppe zuzuordnen sind. *Bojcov* [7] berechnete die Schwingungsfrequenzen der trans- und gauche-Konformation der isolierten $-OCH_2CH_2O$-Gruppe. Die berechneten Frequenzen der CH_2-Schwingungen stimmten gut mit den experimentellen Werten überein. Bei der CO-Valenzschwingung wurde eine relativ große Abweichung zwischen den berechneten und gemessenen Frequenzen gefunden ($\tilde{\nu}_i^{ber} = 1100$ cm^{-1}, $\tilde{\nu}_i^{exp} = 973$ cm^{-1}), die darauf zurückzuführen ist, daß die Wechselwirkungen zwischen der $-OCH_2CH_2O$-Gruppe und dem aromatischen Teil der Monomereinheit nicht berücksichtigt wurden. *Liang* und *Krimm* [8, 9] traten der Ansicht entgegen, daß die hauptsächlichsten Intensitätsänderungen im UR-Spektrum eine Folge der Konformationsumwandlung der $-OCH_2CH_2O$-Gruppe ist. Sie machten nicht näher beschriebene Resonanzeffekte des aromatischen Teiles der Monomereinheit dafür verantwortlich und wiesen darauf hin, daß das Auftreten amorpher Banden durch die Aktivierung der im geordneten Polymeren nicht ultrarotaktiven Schwingungen zustande kommt. Die strukturabhängige Bande 973 cm^{-1} wurde von ihnen der Benzolring-Schwingung $\tilde{\nu}_{12}$ (B_{2u}) zugeschrieben. *Manley* (10) verglich die Spektren orientierter PÄT-Proben mit dem Spektrum von Poly-1,4-Cyclohexylendimethylenterephthalat (PCT) im fernen Ultrarot. Er fand, daß die Ordnungsbanden 68 cm^{-1}, 78 cm^{-1} und 176 cm^{-1} von PÄT auch im Spektrum des PCT vorhanden sind und schloß, daß diese Banden von dem beiden Polymeren gemeinsamen $\overset{\overset{O}{\|}}{C}-C_6H_4-\overset{\overset{O}{\|}}{C}-$-Fragment verursacht werden. Das würde bedeuten, daß die beim Übergang amorph → kristallin auftretenden Änderungen im fernen Ultrarot nicht nur in der Konformationsumwandlung der $-OCH_2CH_2O$-Gruppe begründet sind, sondern die Struktur des $\overset{\overset{O}{\|}}{C}-C_6H_4-\overset{\overset{O}{\|}}{C}-$-Fragmentes dafür verantwortlich ist.

Eine theoretische Schwingungsanalyse der gesamten Elementareinheit kann eine befriedigende Zuordnung geben, die für die richtige Deutung der Strukturabhängigkeit des Ultrarotspektrums von PÄT notwendig ist. Beim PÄT wurde eine solche Schwingungsanalyse bisher nicht durchgeführt, und sie ist auch beim gegenwärtigen Stand der Kenntnis nicht möglich. Die einer Schwingungsanalyse zugrunde liegende Elementareinheit — beim PÄT ist sie gleich der Monomereinheit — enthält bei zu geringer Symmetrie der Struktur zu viele Atome, und das Kraftfeld ist nicht genügend bekannt. Von einigen Autoren wurden Teile der Elementareinheit, die weniger Atome enthalten und höhere Symmetrie aufweisen, — z. B. der aromatische Ring [8] oder die $-OCH_2CH_2O$-Gruppe [7] — getrennt analysiert. Damit wird aber von vornherein die Wechselwirkung zwischen diesen Teilen vernachlässigt, so daß beispielsweise die Abhängigkeit der Ringschwingungen von der trans/gauche-Isomerie der $-OCH_2CH_2O$-Gruppe nicht zur Geltung kom-

[1)] Teilauszug aus der Dissertation *R. Danz*, Merseburg 1970 [12].

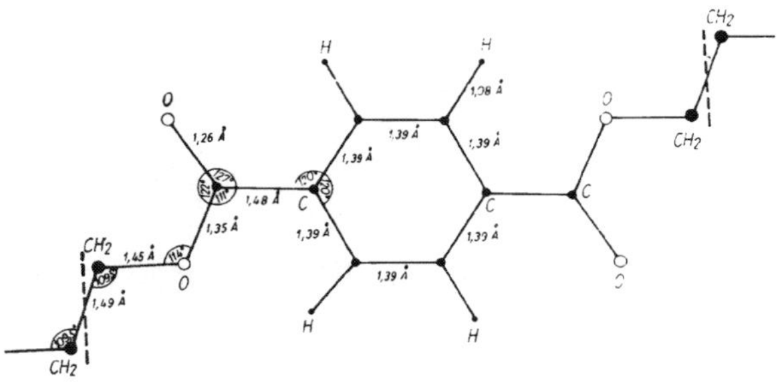

Bild 1. Ebenes Modell von Polyäthylenterephthalat

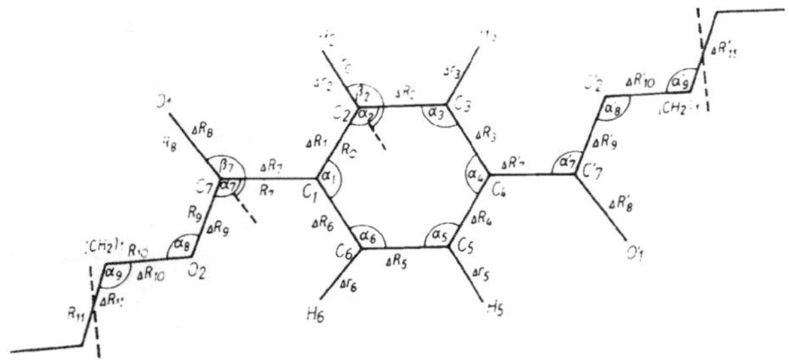

Bild 2. Innere Koordinaten der ebenen Schwingungen des Modells von Polyäthylenterephthalat

men kann. Es erschien deshalb günstiger, die ganze Elementareinheit zur Berechnung der Schwingungsfrequenzen und Schwingungsformen heranzuziehen, aber ein vereinfachtes Strukturmodell mit höherer Symmetrie zu verwenden, um das Problem mit erträglichem mathematischem Aufwand lösen zu können. Es wurde ein ebenes Modell der PÄT-Elementareinheit angenommen, und es wurden nur die ultrarotaktiven Schwingungen in der Ebene dieses Modells betrachtet.

2. *Valenzkraftmodell von Polyäthylenterephthalat*

Die von *Daubeny* u. a. [11] röntgenographisch bestimmte Kristallstruktur von PÄT weicht nicht wesentlich von einem ebenen Modell der Elementareinheit ab. Die aus den Atomkoordinaten der Elementarzelle berechneten Atomabstände und Bindungswinkel wurden auf das ebene Modell übertragen, wobei für den Winkel ($CH_2—CH_2—O$) der Tetraederwinkel 109,5° angenommen wurde (Bild 1). Die CH_2-Gruppen wurden in den folgenden Berechnungen als je ein Massenpunkt behandelt.

Ausgangspunkt für die Berechnung der Schwingungsfrequenzen und Schwingungsformen sind die potentielle und die kinetische Energie. Um das Potential zu formulieren, muß man innere Koordinaten benutzen, da die Kraftkonstanten nur für Änderungen dieser Koordinaten bekannt sind. In Bild 2 sind die inneren Koordinaten der ebenen Schwingungen des Modells von PÄT eingetragen. ΔR, Δr bedeuten die Änderungen der Gleichgewichtsabstände der Massenpunkte des Modells und α, β sind Winkeländerungen [12].

Zur Beschreibung des Potentials in inneren Koordinaten wird ein Valenzkraftmodell verwendet. Bei kleinen Auslenkungen der Atome kann ein lineares Kraftgesetz zugrunde gelegt werden, und man erhält ein rein quadratisches Potential. Für den aromatischen Teil der Monomereinheit wurde der dem Benzolspektrum angepaßte und mit Erfolg am Toluol und Stilben [13] erprobte Potentialansatz von *Whiffen* [14] einschließlich der Kraftkonstanten übernommen. Im aliphatischen Teil des Modells wurde nur die Wechselwirkung zum nächsten Nachbarn berücksichtigt. In Gleichung (1) ist der auf diese Weise erhaltene Poten-

Tabelle 1. Kraftkonstanten des Potentialansatzes (1) in 10^5 dyn/cm

Valenzkraftkonstanten		
D =	5,757	(Benzol [14])
E =	5,093	(Benzol [14])
$\overline{D}$ =	3,98	(berechnet nach *Badger* [18])
H =	12,1	(nach *Herzberg* [15])
J =	3,5	(geschätzt)
K =	2,9	(Äthylenglykol [16])
Deformationskraftkonstanten		
F_1 =	1,031	(Benzol [14])
F_2 =	1,031	(Benzol [14])
F_3 =	0,49	(Dimethyläther [17])
F_4 =	0,35	(Äthylenglykol [16])
G_1 =	0,879	(Benzol [14])
G_2 =	1,5	(geschätzt)
Wechselwirkungskraftkonstanten (*Benzol* [14])		
$i_1 = i_2 = i_3 = i_4$ =	−0,18	
n_0 =	−0,127	
$f_1 = f_2 = f_3 = f_4$ =	0,185	
d_0 =	0,43	
d_m =	0,317	
d_p =	0,370	

$$
\begin{aligned}
2v = {} & D\sum_{j=1}^{6} \Delta R_j^2 + 2d_0\sum_{j=1}^{6} \Delta R_j\,\Delta R_{j+1} + 2d_m\sum_{j=1}^{6} \Delta R_j\,\Delta R_{j+2} + 2d_p\sum_{j=1}^{3} \Delta R_j\,\Delta R_{j+3} + 2\overline{D}\,\Delta R_7^2 \\
& + 2d_0\,\Delta R_7(\Delta R_1 + \Delta R_6) + 2d_0\,\Delta R_7'(\Delta R_3 + \Delta R_4) + E\sum_{j=2}^{6}{}' \Delta r_j^2 + G_1 r_0^2 \sum_{j=2}^{6}{}' \beta_j^2 + G_1 R_7^2(\beta_1^2 + \beta_4^2) \\
& + F_1 R_0^2 \sum_{j=1}^{6} \alpha_j^2 + 2f_1 R_0^2 \sum_{j=1}^{6} \alpha_j\alpha_{j+1} + 2i_1 R_0 \sum_{j=1}^{6} \alpha_j(\Delta R_j + \Delta R_{j-1}) + 2n_0 r_0 R_0 \sum_{j=2}^{6}{}' \beta_j(\alpha_{j+1} - \alpha_{j-1}) \\
& + 2n_0 R_7 R_0 \beta_1(\alpha_2 - \alpha_6) + 2n_0 R_7 R_0 \beta_4(\alpha_5 - \alpha_3) + 2H\,\Delta R_8^2 + 2J\,\Delta R_9^2 + 2K\,\Delta R_{10}^2 + 4d_0\,\Delta R_7\,\Delta R_8 \\
& + 4d_0\,\Delta R_7\,\Delta R_9 + 4d_0\,\Delta R_8\,\Delta R_9 + 4d_0\,\Delta R_{10}\,\Delta R_9 + 2G_2 R_8^2 \beta_7^2 + 2F_2 R_7 R_9 \alpha_7^2 \\
& + 2F_3 R_9 R_{10} \alpha_8^2 + 2F_4 R_{10} R_{11} \alpha_9^2 + 2f_4 (R_7 R_9)^{1/2} R_0(\alpha_7\alpha_1 + \alpha_7'\alpha_4) \\
& + 4f_2 (R_7 R_9)^{1/2} (R_9 R_{10})^{1/2} \alpha_7\alpha_8 + 4f_3 (R_9 R_{10})^{1/2} (R_{10} R_{11})^{1/2} \alpha_8\alpha_9 \\
& + 4i_3 (R_7 R_9)^{1/2} \alpha_7(\Delta R_7 + \Delta R_9) + 4i_4 (R_9 R_{10})^{1/2} \alpha_8(\Delta R_9 + \Delta R_{10}) + 4i_2 (R_{10} R_{11})^{1/2} \alpha_9\,\Delta R_{10}
\end{aligned}
\tag{1}
$$

tialansatz angegeben. Die darin enthaltenen Kraftkonstanten sind in der Tabelle 1 aufgeführt. Sie wurden von kleineren Molekülen ähnlicher Struktur übernommen [14 bis 17], nach einer Beziehung von *Badger* berechnet [18] oder geschätzt.

3. *Berechnung der Schwingungsfrequenzen und Schwingungsformen von Polyäthylenterephthalat*

Bei der Berechnung der Schwingungsfrequenzen und Schwingungsformen einer unendlichen, gestreckten Polymerkette braucht nur eine einzige Elementareinheit betrachtet zu werden, weil nur die Grundschwingungen optisch aktiv sind, bei denen die Elementareinheiten alle in Phase schwingen [19]. Die Elementareinheit kann formal als isoliertes Molekül angesehen werden, wobei berücksichtigt werden muß, daß die beiden an Nachbareinheiten gebundenen Enden in Phase schwingen [20]. Das Modell enthält $m = 18$ Massenpunkte. Daraus folgt, daß $2m = 36$ ebene Schwingungen möglich sind. Wenn man die zur Faktorgruppe des Modells isomorphe Punktgruppe C_{2h} zugrunde legt, erhält man nach den gruppentheoretischen Abzählvorschriften 18 Schwingungen vom Symmetrietyp A_g, die ramanaktiv sind, und 18 Schwingungen vom Symmetrietyp B_u, die ultrarotaktiv sind. Die ultrarotaktiven Schwingungen wurden berechnet. Für die Rechnung und die Darstellung der Schwingungsformen ist es günstig, ein $2m$-dimensionales kartesisches Koordinatensystem einzuführen, wie es in Bild 3 zu sehen ist [21]. In kartesischen Koordinaten ergibt sich ein Säkularproblem 36. Grades, das vereinfacht werden kann, wenn man Symmetriekoordinaten S_i einführt. Die spezielle Wahl der kartesischen Koordinaten gestattet es, die Beziehungen zwischen den kartesischen Koordinaten x_i, x_i' und den Symmetriekoordinaten S_i wie folgt aufzuschreiben [21]:

$$S_i(B_u) = \frac{1}{2}(x_i - x_i'), \tag{2}$$

$$S_i(A_g) = \frac{1}{2}(x_i + x_i'), \tag{3}$$

$$x_i = S_i(A_g) + S_i(B_u), \tag{4}$$

$$x_i' = S_i(A_g) - S_i(B_u), \tag{5}$$

$$i = 1 \cdots 18.$$

Es existieren 18 Symmetriekoordinaten für den Schwingungstyp A_g $(S_i(A_g))$ und 18 Symmetriekoordinaten für den Schwingungstyp B_u $(S_i(B_u))$. Da man für jeden Schwingungstyp separat ein Säkularproblem formulieren kann, liegt jetzt je ein Säkularproblem 18. Grades vor.

Die allgemeine Form der potentiellen und kinetischen Energie in Symmetriekoordinaten lautet:

$$2V = \sum_{i,k} c_{ik} S_i S_k, \tag{6}$$

$$2T = \sum_{i,k} d_{ik} \dot{S}_i \dot{S}_k. \tag{7}$$

Aus dem Energieerhaltungssatz folgt ein homogenes, lineares Gleichungssystem

$$(\mathfrak{C} - \lambda \mathfrak{D})\, \mathfrak{S} = 0,$$

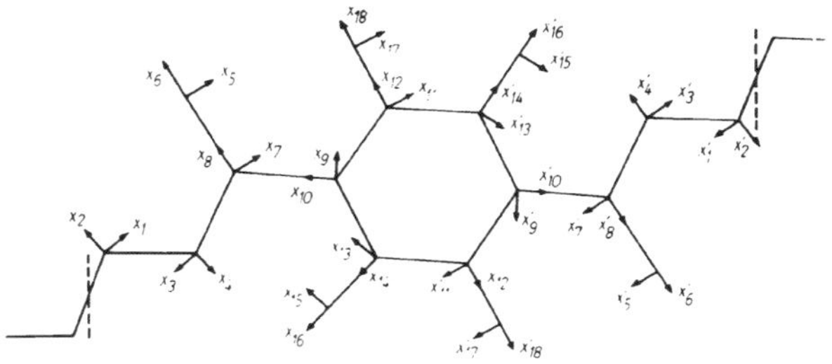

Bild 3. Kartesische Koordinaten des Modells von Polyäthylenterephthalat

das nur lösbar ist, wenn die Koeffizientendeterminante verschwindet. $\mathfrak{S}$ ist ein Spaltenvektor, der aus den Amplituden $\bar{S}_k$ der Symmetriekoordinaten gebildet wird. $\mathfrak{C}$ und $\mathfrak{D}$ sind Matrizen, deren Elemente die c_{ik} bzw. d_{ik} in den Gleichungen (6) und (7) sind. Die Schwingungsfrequenzen sind mit den Eigenwerten durch die Beziehung

$$\tilde{\nu} = \frac{1}{2\pi}\sqrt{\lambda} \tag{9}$$

verknüpft. Die Berechnung der Schwingungsfrequenzen und Schwingungsformen wird somit auf die Lösung des 18gradigen Säkularproblems (8) zurückgeführt. Die Koeffizienten c_{ik} der Matrix $\mathfrak{C}$ erhält man aus den Kraftkonstanten, wenn man den Potentialansatz (1) in Symmetriekoordinaten transformiert. Analog ergeben sich die Koeffizienten d_{ik} der Matrix $\mathfrak{D}$ aus den Atommassen, wenn die in kartesischen Koordinaten formulierte kinetische Energie in Symmetriekoordinaten geschrieben wird.

In den Bildern 4 bis 7 sind für die Grundschwingungen die berechneten Frequenzen $\tilde{\nu}_i^{\text{ber}}$ und die Schwingungs-

Tabelle 2. Zuordnung der berechneten Schwingungen von Polyäthylenterephthalat

$\tilde{\nu}_i^{\text{exp}}$ cm^{-1}	Polarisation	$\tilde{\nu}_i^{\text{ber}}$ cm^{-1}	Schwingungszuordnung (Bild 4 bis 7)	Zuordnungen nach *Liang* und *Krimm* [8, 9]
3055	π	3061	$\tilde{\nu}_1^{\text{ber}}$	$\tilde{\nu}'_{20A}(B_{2u})$
3082	σ	3058	$\tilde{\nu}_2^{\text{ber}}$	$\tilde{\nu}_{20B}(B_{3u})$
1955	σ	1933	$\tilde{\nu}_3^{\text{ber}}$	$\tilde{\nu}_{17A}(A_u: 977 + \tilde{\nu}_5(B_{3g}: 978) = 1955\ (B_{3u})$
1617	σ	1575	$\tilde{\nu}_4^{\text{ber}}$	$\tilde{\nu}_{8B}(B_1)$
1504	π	1486	$\tilde{\nu}_5^{\text{ber}}$	$\tilde{\nu}_{19A}(B_{2u})$
1435	π (?)	1414	$\tilde{\nu}_6^{\text{ber}}$	
1245		1229	$\tilde{\nu}_7^{\text{ber}}$	
1172	σ (?)	1100	$\tilde{\nu}_8^{\text{ber}}$	$\tilde{\nu}_{9A}(A_1)$
1100	π	1065	$\tilde{\nu}_9^{\text{ber}}$	$\tilde{\nu}'_{15}(B_{3u})$, $\tilde{\nu}(O-C)$ (amorph)
1020	π	1023	$\tilde{\nu}_{10}^{\text{ber}}$	$\tilde{\nu}_{18A}(B_{2u})$
973	π	993	$\tilde{\nu}_{11}^{\text{ber}}$	$\{\tilde{\nu}_{12}(B_{2u})$? $\tilde{\nu}(O-C)$?
733		733	$\tilde{\nu}_{12}^{\text{ber}}$	
437	π	482	$\tilde{\nu}_{13}^{\text{ber}}$	δ (CCO)
387	π	360	$\tilde{\nu}_{14}^{\text{ber}}$	δ (COC)
355	σ (?)	339	$\tilde{\nu}_{15}^{\text{ber}}$	γ_r (C=O)
138		130	$\tilde{\nu}_{16}^{\text{ber}}$	$\tilde{\nu}_{10B}(B_{3g})$ (?)

$\tilde{\nu}_i^{\text{ber}}$ — berechnete Schwingung
$\tilde{\nu}_i^{\text{exp}}$ — beobachtete Schwingung

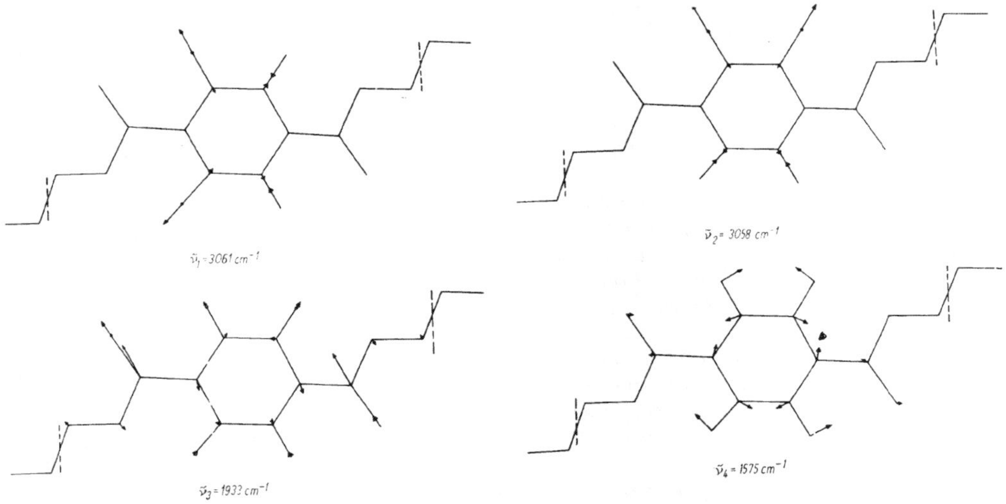

Bild 4. Polyäthylenterephthalat-Schwingungen: $\tilde{\nu}_i^{ber}$ $(i = 1 \cdots 4)$

formen angegeben[2]). Insgesamt führt die Lösung des Säkularproblems zu 18 Schwingungsfrequenzen, von denen zwei Null sind und den Translationen des Moleküls in der Ebene entsprechen. Die beobachteten Frequenzen $\tilde{\nu}_i^{exp}$, die Zuordnungen von *Liang* und *Krimm* [9] und die von uns berechneten Frequenzen $\tilde{\nu}_i^{ber}$ sind in der Tabelle 2 zusammengestellt.

4. *Zuordnung der berechneten Schwingungsfrequenzen*

Wegen des vereinfachten Modells kann nicht erwartet werden, daß alle beobachteten Frequenzen $\tilde{\nu}_i^{exp}$ durch die Rechnung wiedergegeben werden. Schwingungen senkrecht zur Molekülebene und die Schwingungen der CH_2-Gruppe werden nicht berücksichtigt, weil nur die ebenen Schwingungen berechnet und die CH_2-Gruppen als je ein Massenpunkt betrachtet wurden. Die C=O-Valenzschwingung fehlt in den berechneten Frequenzen, weil sie in dem ebenen Modell nicht ultrarotaktiv ist.

Die Zuordnung der Schwingungen $\tilde{\nu}_1^{ber} = 3061\ cm^{-1}$ und $\tilde{\nu}_2^{ber} = 3058\ cm^{-1}$ (Bild 4) zu den Banden $3055\ cm^{-1}$ bzw. $3082\ cm^{-1}$ im Spektrum des PÄT steht mit den beobachteten Polarisationen dieser Schwingungen und der Zuordnung nach *Krimm* [9] im Einklang. Die Schwingung $\tilde{\nu}_3^{ber} = 1933\ cm^{-1}$ (Bild 4) wurde der Bande $1955\ cm^{-1}$ zugeordnet, die bisher als Kombinationsschwingung angesehen wurde. Die Schwingung $\tilde{\nu}_4^{ber} = 1575\ cm^{-1}$, deren Schwingungsbild σ-Polarisation erkennen läßt, wurde der σ-polarisierten Bande bei $1617\ cm^{-1}$ zugeschrieben.

Die Zuordnung der Schwingung $\tilde{\nu}_5^{ber} = 1486\ cm^{-1}$ (Bild 5) zur Bande $1504\ cm^{-1}$ wird dadurch unterstützt, daß im Benzolspektrum eine Schwingung $\tilde{\nu}_{19A} = 1485\ cm^{-1}$ auftritt, deren Schwingungsform mit der von $\tilde{\nu}_5^{ber}$ übereinstimmt.

[2]) Die Rechnung wurde im Rechenzentrum der Humboldt-Universität Berlin und im Rechenzentrum des Institutes für Angewandte Mathematik der Deutschen Akademie der Wissenschaften zu Berlin durchgeführt.

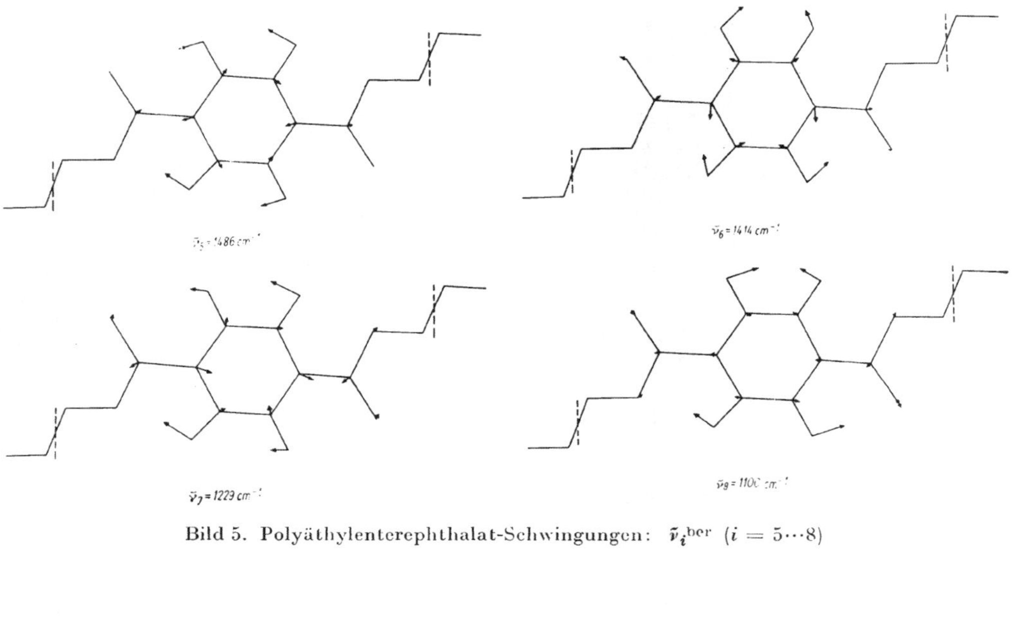

Bild 5. Polyäthylenterephthalat-Schwingungen: $\tilde{\nu}_i^{ber}$ $(i = 5 \cdots 8)$

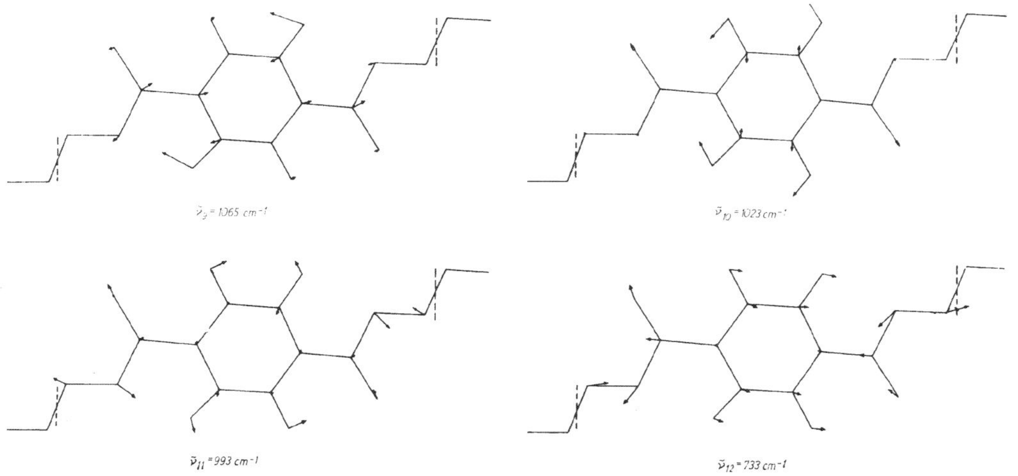

Bild 6. Polyäthylenterephthalat-Schwingungen: $\tilde{\nu}_i^{\text{ber}}$ $(i = 9 \cdots 12)$

Aus der Literatur ist bekannt [8, 9], daß die Frequenzen der Schwingungen $\tilde{\nu}_{15}(B_{3u})$ und $\tilde{\nu}_{18A}(B_{2u})$ p-substituierter Benzole mit den Frequenzen der Banden 1100 cm^{-1} und 1020 cm^{-1} von PÄT gut übereinstimmen. Bild 6 zeigt, daß die berechneten Schwingungen $\tilde{\nu}_9^{\text{ber}} = 1065$ cm^{-1} und $\tilde{\nu}_{10}^{\text{ber}} = 1023$ cm^{-1} Schwingungen des aromatischen Teiles der Monomereinheit von PÄT sind. In der Tabelle 2 wurden sie deshalb den Banden 1100 cm^{-1} und 1020 cm^{-1} zugeordnet.

Die Schwingungsform der aus Bild 6 ersichtlichen Schwingung $\tilde{\nu}_{11}^{\text{ber}} = 993$ cm^{-1} läßt erkennen, daß an ihr sowohl die C—O-Valenzschwingung als auch das Skelett des aromatischen Teiles der Monomereinheit beteiligt sind. Wir ordneten sie der Bande 973 cm^{-1} zu, die von *Grime* und *Ward* [3] sowie von *Miyake* [5] als C—O-Valenzschwingung bezeichnet wurde, während *Liang* und *Krimm* [8, 9] sie mit der Schwingung $\tilde{\nu}_{12}(B_{2u})$ des Benzolringes in Verbindung brachten. Die Schwingung $\tilde{\nu}_{12}^{\text{ber}} = 733$ cm^{-1} wurde der von *Krimm* [9] beobachteten Bande 733 cm^{-1} zugeordnet, obwohl wir diese Bande nicht fanden. Die von einer senkrecht zur Ringebene schwingenden Schwingung hervorgerufene Bande 727 cm^{-1} kommt für $\tilde{\nu}_{12}^{\text{ber}}$ nicht in Frage, weil $\tilde{\nu}_{12}^{\text{ber}}$ eine ebene Schwingung ist.

Die Schwingungen $\tilde{\nu}_{13}^{\text{ber}} = 482$ cm^{-1}, $\tilde{\nu}_{14}^{\text{ber}} = 360$ cm^{-1}, $\tilde{\nu}_{15}^{\text{ber}} = 339$ cm^{-1} und $\tilde{\nu}_{16}^{\text{ber}} = 130$ cm^{-1} (Bild 7) sind Skelettschwingungen, an denen alle Atome der Monomereinheit beteiligt sind. Sie gehören sehr wahrscheinlich zu den beobachteten Frequenzen 437 cm^{-1}, 387 cm^{-1}, 355 cm^{-1} und 138 cm^{-1}.

Die Berechnung dieser Schwingungen macht deutlich, daß besonders in diesem Frequenzbereich an einer Schwingung viele Atome mit merklicher Amplitude beteiligt sind und daß die Schwingung nicht in einer begrenzten Atomgruppe lokalisiert ist.

5. *Schlußfolgerungen für die Strukturabhängigkeit der UR-Banden*

In dem ebenen Modell liegt die $-OCH_2CH_2O$-Gruppe in der gestreckten trans-Konformation vor. Die berechneten Schwingungen gehören deshalb zu struk-

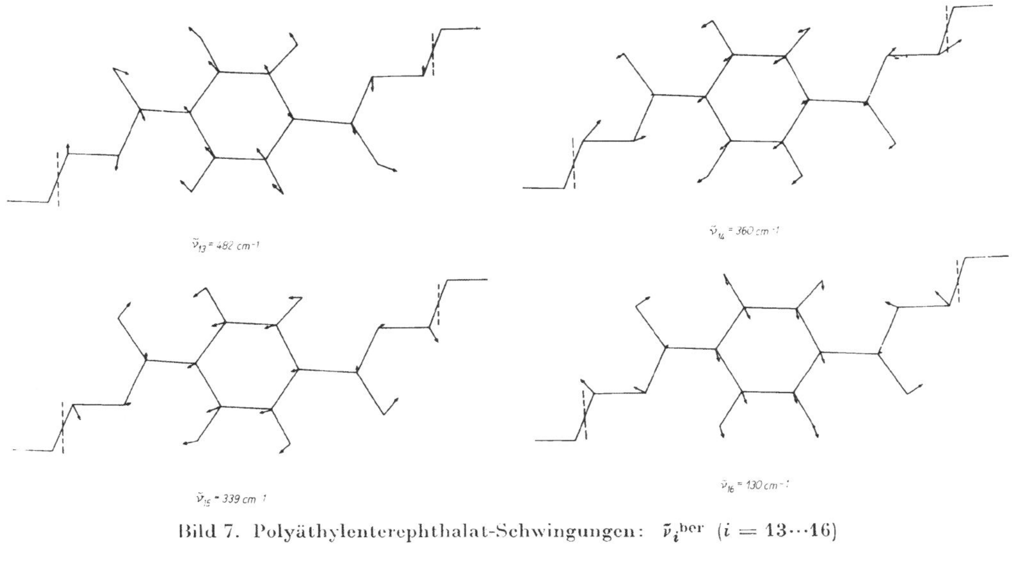

Bild 7. Polyäthylenterephthalat-Schwingungen: $\tilde{\nu}_i^{\text{ber}}$ $(i = 13 \cdots 16)$

turunabhängigen Banden und zu Ordnungsbanden. An den Frequenzen $\tilde{\nu}_{11}{}^{ber} = 993\,cm^{-1}$, $\tilde{\nu}_{13}{}^{ber} = 482\,cm^{-1}$, $\tilde{\nu}_{14}{}^{ber} = 360\,cm^{-1}$ und $\tilde{\nu}_{16}{}^{ber} = 130\,cm^{-1}$, die den Ordnungsbanden 973 cm^{-1}, 437 cm^{-1}, 387 cm^{-1} und 138 cm^{-1} zugeordnet wurden, sind die Atome der $-OCH_2CH_2O$-Gruppe maßgeblich beteiligt. Daraus wird gefolgert, daß die Intensitätszunahmen dieser Banden bei einer Verbesserung des Ordnungszustandes auf die Konformationsumwandlung in der $-OCH_2CH_2O$-Gruppe zurückzuführen ist. Obwohl die Schwingungsanalyse nur die Strukturabhängigkeit einiger Ordnungsbanden erklären kann, kann aus den Berechnungen unter Hinzuziehung der Ergebnisse von *Bojcov* [7], *Grime* und *Miyake* [2 bis 6] geschlossen werden, daß die hauptsächlichsten Intensitätsänderungen im Spektrum des PÄT von der trans/gauche-Umwandlung der $-OCH_2-$ $-CH_2O$-Gruppe herrühren. Die von *Krimm* [9] und *Manley* [10] vertretenen Ansichten, daß hauptsächlich Veränderungen im Benzolgerüst für die Unterschiede in den Spektren amorpher und partiell-kristalliner PÄT-Proben verantwortlich zu machen sind, ließen sich durch die Schwingungsanalyse nicht bestätigen. Die Berechnung der Schwingungen des ebenen Modells zeigt, daß gerade die Schwingungen, an denen nur Atome des Benzolgerüstes beteiligt sind (z. B. $\tilde{\nu}_4{}^{ber} = 1023\,cm^{-1}$), mit strukturunabhängigen Banden im Spektrum des PÄT korrelieren.

Frau *M. Jüttner* danken wir für die Unterstützung bei den numerischen Rechnungen.

Literatur

[1] *Danz, R., Dechant, J.,* und *Ruscher, Ch.:* Ultrarotspektroskopische Untersuchungen über den Ordnungszustand von Polyäthylenterephthalat. Faserforsch. u. Textiltechnik **21** (1970) S. 251—254.
[2] *Ward, I. M.:* Rotational isomerism in polyethylene terephthalate. Chem. and Ind., London **1** (1956) S. 905—906.
[3] *Grime, D.,* und *Ward, I. M.:* The assigment of IR-absorption and rotational isomerism in PET and related compounds. Trans. Faraday Soc. **54** (1958) S. 959—971.
[4] *Farrow, G.,* und *Ward, I. M.:* Crystallinity of polyethylene terephthalate. A comparison of X-ray, infrared and density measurements. Polymer, London **1** (1960) S. 330—339.
[5] *Miyake, A.:* The infrared spectrum of polyethylene terephthalate. I. The effect of crystallization. J. Polymer Sci. **38** (1959) S. 479—495.
[6] *Miyake, A.:* The infrared spectrum of polyethylene terephthalate. II. Polyethylene-d_4-terephthalate. J. Polymer Sci. **38** (1959) S. 497—512.
[7] *Bojcov, V. G.,* und *Gotlib, Ju. Ja.:* Über die Problematik der Rotationsisomerie in Polyäthylenterephthalat. Optika i Spektroskopija, Moskva **15** (1963) S. 216—220.
[8] *Liang, C. Y.,* und *Krimm, S.:* Infrared spectra of high polymers. Part IX. Polyethylene terephthalata. J. mol. Spectroscopy **3** (1959) S. 554—574.
[9] *Krimm, S.:* Infrared spectra of high polymers. Fortschr. Hochpolymeren-Forsch. **2** (1960) S. 52—172.
[10] *Manley, T. R.,* und *Williams, D. A.:* Polarized far-infrared spectra of oriented polyethylene terephthalate. J. Polymer S i., C: Polymer Symposia (1969) S. 1009 bis 1018.
[11] *Daubeny, R. de P., Bunn, C. W.,* und *Brown, C. J.:* The crystal structure of polyethylene terephthalate. Proc. Roy. Soc. A **226** (1954) S. 531—542.
[12] *Danz, R.:* Ultrarotspektroskopische Untersuchungen über den Ordnungszustand und die Schwingungsanalyse von Polyäthylenterephthalat. Dissertation, Merseburg 1970.
[13] *Gase, R.,* und *Hasse, G.:* Eine Modellrechnung zur Schwingungsanalyse des Quasilinien-Fluoreszenzspektrums von Stilben. Z. physik. Chemie, Leipzig **242** (1969) 1/2, S. 42—48.
[14] *Whiffen, D. H.:* The force field, vibration frequencies, normal coordinates, infrared and Raman intensities for benzene. Phil. Trans. A **248** (1955) S. 131—154.
[15] *Herzberg, G.:* Molecular spectra and molecular structure. II. Infrared and Raman spectra of polyatomic molecules. D. van Nostrand Company, Inc. Princeton, New York 1959.
[16] *Matsuura, H.,* und *Miyazawa, T.:* Infrared spectra and molecular vibrations of ethylene glycol and deuterated derivatives. Bull. chem. Soc. Japan **40** (1967) S. 85—94.
[17] *Miyazawa, T., Fukushima, K.,* und *Ideguchi, Y.:* Molecular vibrations and structure of high polymers. III. Polarized infrared spectra, normal vibrations, and helical conformation of polyethylene glycol. J. chem. Physics **37** (1962) S. 2764—2776.
[18] *Badger, R. M.:* Relation between the internuclear distances and force constants of molecules and its application to polyatomic molecules. J. chem. Physics **3** (1935) S. 710—714.
[19] *Zbinden, R.:* Infrared spectroscopy of high polymers. New York and London: Academic Press 1964.
[20] *Schachtschneider, J. H.,* und *Snyder, R. G.:* Valence force calculation of the vibrational frequencies of two forms of crystalline syndiotactic polypropylene. Spectrochim. Acta **21** (1965) S. 1527—1542.
[21] *Gase, R., Rohmann, W.,* und *Schubert, M.:* Experimentelle und theoretische Untersuchungen zu den ebenen Gerüstschwingungen von Stilben. Z. physik. Chemie, Leipzig **223** (1963) S. 43—48.

Eingegangen am 1. September 1970

Über die Abkühlung des spinnenden Fadens

Walter Conti und Ennio Sorta

SNAM Progetti S. p. A. Laboratori Studi e Ricerche, S. Donato Milanese, Italien

DK 677.021.125.2–932:677.4.061.7:66.047.355:66.065.32

Temperatur und Durchmesser eines frisch ersponnenen Fadens als Funktion des Abstandes vom Spinnkopf werden mittels eines Gerätes gemessen, das die Infrarotstrahlung des Fadens mit Hilfe der differentiellen Kondensation von Öldämpfen auf einer Membran registriert, auf die das Infrarotbild des untersuchten Körpers projiziert wird („Evaporograph"). Die experimentellen Ergebnisse werden mit der halbempirischen Theorie von *Andrews* verglichen, die nach einer Modifizierung zur besseren Erfassung des Gebietes in der Nähe des Spinnkopfes eine gute Übereinstimmung mit den Meßwerten ergibt.

К вопросу об охлаждении нити при формовании

Проведено измерение температуры и диаметра свежесформованной нити в зависимости от расстояния от прядильной головки. Для этого применялся прибор, регистрирующий при помощи дифференциальной конденсации масляных паров инфракрасное излучение нити на мембране, на которой изображается инфракрасная картина исследуемого тела (Эвапорограф). Полученные экспериментальные данные сравниваются с полуэмпирической модифицированной теорией Эндрьюса, которая дает хорошое совпадение с экспериментальными значениями.

The Cooling Process of a Filament in Spinning

Temperature and diameter of a as-spun filament have been measured as a function of the distance from the spinneret using a device for recording the infrared radiation of the filament by means of oil vapour condensing on a membrane and thus producing on it an image of the filament investigated (evaporograph). The results obtained are compared with the semiempirical theory of *Andrews* which, after having been extended to include the region close to the spinneret, showed good agreement with the experimental results.

Einführung

Der Schmelzspinnprozeß umfaßt die Extrusion und die Abkühlung mit simultaner Reckung. Von der Art und Weise, in der die Abkühlung und das Recken erfolgen, hängt die physikalische Struktur des gesponnenen Fadens ab; diese kann umgekehrt den Reckprozeß in der plastischen Phase beeinflussen. Die Wahl geeigneter Abkühl- und Reckbedingungen ermöglicht es, unter industriellen Bedingungen die physikalischen Eigenschaften des hergestellten Fadens auf bestimmte Werte zu bringen.
Es ist deshalb verständlich, daß viele Autoren sich den Problemen des spinnenden Fadens zugewandt und sich sowohl mit dem Recken als auch mit der Abkühlung beschäftigt haben [1]. Die Abkühlung des Fadens wurde von *Andrews* [2] und *Pechoč* [3] untersucht. Beide konnten auf der Basis empirischer Beziehungen für die Wärmeübergangszahlen dünner, elektrisch beheizter Drähte auf halbempirischem Wege die radiale und longitudinale Temperaturverteilung des Fadens im Spinnschacht bestimmen. Später untersuchten einige Autoren dieses Problem erneut, einige indem sie die Rechnung verbesserten [4, 5], andere indem sie zur Lösung des Problems durch direkte Messungen am spinnenden Faden [6, 7] beitrugen.

Von den letzteren versuchte *Burnett* [6] den Wert der Oberflächentemperatur des Fadens auf interferometrischem Wege zu messen, aber die Ungenauigkeit der Messung ist sehr hoch und ergibt in der Nähe des Spinnkopfes (für Abstände < 15 cm) keine Werte mehr.

Aus experimentellen Untersuchungen, z. B. der Lage des Punktes, von dem an keine Durchmesseränderung mehr stattfindet — an diesem Punkt erreicht das Polymere wahrscheinlich seine Glastemperatur — lassen sich zwar Hinweise auf die Fadentemperatur gewinnen, eine Bestimmung des Fadentemperaturverlaufes ist so jedoch nicht möglich. In der vorliegenden Arbeit ist beabsichtigt, die Oberflächentemperatur des Fadens durch Messung der Infrarotemission mittels der Evaporographie zu bestimmen und die experimentellen Ergebnisse durch Vergleich mit den Berechnungen von *Andrews* zu bestätigen.

Weil die experimentellen Ergebnisse für kleine Entfernungen vom Spinnkopf nicht gut mit der Theorie übereinstimmten, wurde eine Hypothese vorgeschlagen, welche die Randbedingungen für die Temperatur des aus der Düse austretenden Polymeren modifiziert.

Formulierung des Problems

Für die Durchführung der Berechnungen gemäß dem Vorgehen von *Andrews*, auf Grund derer es möglich ist, die radiale und longitudinale Temperaturverteilung zu bestimmen, ist es nötig, einige Parameter des Spinnprozesses (Ausstoßgeschwindigkeit, Aufspulgeschwindigkeit, Spinntemperatur, Temperatur der umgebenden Luft, Intensität des Flusses, Düsendurchmesser, Fläche des Fadenquerschnittes) und einige Polymereigenschaften (Wärmeleitfähigkeit, Dichte, Emissionsfähigkeit der Oberfläche, spezifische Wärme) zu kennen.

Weiterhin ist es notwendig, die Abhängigkeit der Wärmeübergangszahl von der relativen Bewegung zwischen Faden und Luft oder — mit anderen Worten — den funktionalen Zusammenhang zwischen *Nusselt*-Zahl (Nu) und *Reynolds*-Zahl (Re) zu kennen.

Allgemein schreibt sich diese Beziehung wie folgt:

$$Nu = \alpha \cdot (Re)^q .$$

Mehrere Autoren haben die Parameter α und q an dünnen, elektrisch beheizten Drähten bestimmt, wobei einander entsprechende Angaben befriedigende Übereinstimmung zeigen (siehe Tabelle 1). Die Randbedingung, der zufolge man annimmt, daß der Faden am Düsenende über den gesamten Querschnitt ein und dieselbe Temperatur besitzt, muß unserer Meinung nach revidiert werden, weil allgemein die Temperatur der äußeren Oberfläche der Düsenplatte um 20 bis 30 grd niedriger ist, als die des Spinnkopfes selbst (in unserem Fall ~25°C).

Tabelle 1. Bestimmung der Parameter α und q durch verschiedene Autoren

Re	α	q	Autor
4 > Re > 1	0,891	0,33	*Hilpert* [8]
	0,765	0,38	*Andrews* [2]
40 > Re > 4	0,821	0,385	*Hilpert* [8]
50 > Re > 4	0,764	0,41	*Ulsamer* [8]
Re < 300	0,764	0,41	*King* [8]

Zwar ist die Zeit der Anwesenheit des Polymeren im Düseninnern außerordentlich kurz; aber da das Produkt aus *Prandtl*-Zahl (*Pr*) und *Reynolds*-Zahl in unserem Falle größer als 800 war, ist es begründet, die Existenz einer Grenzschicht in der Nähe der Düsenwand anzunehmen, deren Temperatur zwischen der Wandtemperatur und der Temperatur der extrudierten Masse liegt.

Allgemeine Gleichungen

Unsere Näherungslösung des Wärmeleitungsproblems ist wie bei *Andrews* bestimmt durch die Gleichung

$$\vartheta = \sum_j B_j J_0(p_j u) \exp\left\{-\int_0^x \frac{p_j^2}{Z}\,dx\right\}, \qquad (1)$$

wobei $\vartheta = T - T_e$; $u = r/R$; ist R der Radius des Fadens bei einer Entfernung x vom Spinnkopf, T_e die Raumtemperatur, T die Temperatur des Fadens als Funktion des Abstandes vom Spinnkopf (x) und des Abstandes von der Fadenachse (r) und p_j die Lösung der Gleichung

$$\frac{H(x)}{2\pi K_p} = p\,\frac{J_1(p)}{J_0(p)}. \qquad (2)$$

Darin bedeuten: $H(x)$ die in einer Entfernung x vom Spinnkopf übertragene Wärme, K_p den Koeffizienten der Wärmeleitfähigkeit und J_0 und J_1 die *Bessel*-Funktion nullter und erster Ordnung.

Die Koeffizienten B_j werden bestimmt auf Grund der Randbedingung über die Temperatur am Düsenaustritt. Wie bereits erwähnt, wird angenommen, daß der Faden am Düsenaustritt die Temperatur ϑ_0 der Spinnmasse besitzt, eine kleine Schicht (der Dicke δ) allerdings möge eine andere Temperatur ϑ_0^* — nämlich die der äußeren Spinnplattenoberfläche — besitzen.

Die wahre, kontinuierliche Temperaturverteilung im Polymerstrom am Düsenende läßt sich exakt berechnen. Wenn man bedenkt, daß z. B. bezüglich der Strömungsverhältnisse am Düsenaustritt grobe Vereinfachungen notwendig sind, erscheint es realistischer, im Interesse der einfacheren Berechnung von einer diskontinuierlichen Temperaturverteilung mit einer geeigneten Schichtdicke auszugehen.

Mit den gegebenen Randbedingungen müssen die Werte B_j der Gleichung

$$\sum_j B_j J_0(p_j u) = \vartheta_0' \qquad (3)$$

genügen; dabei ist $\vartheta_0 = \vartheta_0'$ für $0 < u \leq 1 - \delta$ und $\vartheta_0 = \vartheta_0^*$ für $1 - \delta < u \leq 1$ und $u = r/R$; r ist die Radialkoordinate eines beliebigen Punktes innerhalb des Fadens mit dem Radius R.

Indem man beide Seiten der vorstehenden Gleichung mit $u J_0(p_j u)$ multipliziert, über u integriert und von den Orthogonalitätseigenschaften der *Bessel*funktionen Gebrauch macht, erhält man:

$$B_j = 2\left[J_1^2(p_j) + J_0^2(p_j)\right]^{-1} \times \left\{(\vartheta_0 - \vartheta_0^*)\,\frac{1-\delta}{p_j}\,J_1\left[p_j(1-\delta)\right] + \vartheta_0^*\,\frac{J_1(p_j)}{p_j}\right\}. \qquad (4)$$

Experimenteller Teil

Spinnapparatur

Das Polymere wurde mit Hilfe einer Spinnapparatur gesponnen, die aus einem 13 mm-Extruder, einer Schrauben-Dosier-Pumpe und einer Spinndüse bestand, die nur ein Loch mit 0,8 mm Durchmesser, 0,5 mm Länge und einem konischen Eintrittswinkel von 90° besaß. Der extrudierte Faden wurde nach einem Weg von 2 m in ruhender Luft durch eine Aufspulmaschine aufgenommen.

Der Spinnkopf wurde thermisch geregelt, und die Temperatur wurde mit Hilfe eines Thermoelements gemessen, das sich in 7 cm Entfernung vom Düsenkanal befand. Die Temperatur wurde auf ±3% konstant gehalten.

Das benutzte Polyäthylenterephthalat (PÄT) besaß eine Lösungsviskosität von 0,68 (in Phenol/Tetrachloräthan, 1 : 1, bei 25 °C) und wurde bei 285 °C am Spinnkopf mit einer Fließintensität von 3,75 cm³/min extrudiert und mit 300 m/min aufgespult. Die Endfeinheit betrug 146 ± 2 den.

Die Wahl dieser Feinheit war durch den Evaporographen bedingt, weil für niedrigere Feinheiten das Bild des Fadens zu schmal geworden wäre und keine sichere Bestimmung der Temperatur mehr zugelassen hätte. Die Oberflächentemperatur der Düsenplatte wurde mit einem Fe-Const-Flächenthermoelement gemessen. Als Resultat ergab sich eine um 25 grd niedrigere Temperatur als für den Spinnkopf selbst. Indem wir das geschmolzene PÄT direkt hinter der Düse (etwa 2 mm von der Düse entfernt) auf ein nadelförmiges Thermopaar fließen ließen, konnten wir eine mittlere Temperatur des Polymeren messen, die etwa 5 grd unterhalb derjenigen des Spinnkopfes lag.

Das Fadenprofil wurde fotografisch mit Hilfe einer Kamera von 150 mm Brennweite bestimmt, indem entlang des Fadenweges alle 5 cm eine Aufnahme gemacht wurde.

In Bild 1 ist der Durchmesser als Funktion des Abstandes von der Düse dargestellt.

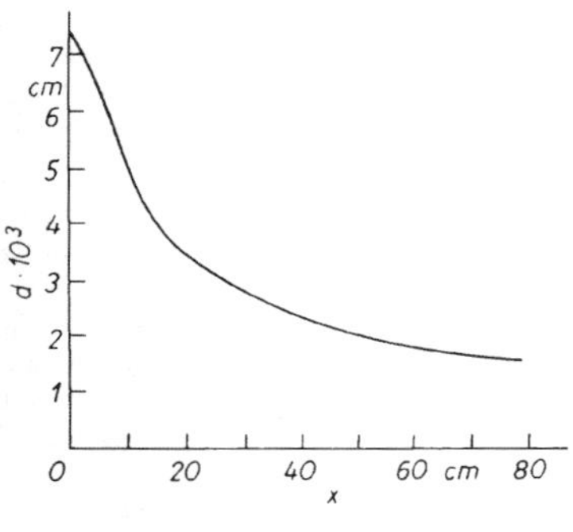

Bild 1. Fadendurchmesser als Funktion des Abstandes x vom Spinnkopf

Messung der Oberflächentemperatur

Das Gerät, das von uns benutzt wurde, um das IR-Bild sichtbar zu machen, beruht auf der differentiellen Kondensation von Öldämpfen auf einer sehr dünnen Membran, auf die das IR-Bild projiziert wird. Das Gerät wird von der Fa. Baird-Atomic hergestellt und besteht aus einer Anordnung von Germaniumlinsen, die das IR-Bild auf einer Celluloseacetatmembran abbilden. Auf der Oberfläche dieser Membran entwickelt sich ein thermisches Abbild entsprechend den einfallenden IR-Strahlen.

Die Membran teilt eine Vakuumkammer in zwei Abteilungen. Eine der Abteilungen ist mit Öldämpfen gesättigt. Das Kondensationsmaß der Dämpfe in jedem Punkt der Membran ist eine Funktion der örtlichen Temperatur. Je höher die Temperatur ist, desto niedriger ist das Kondensationsmaß. Die Dicke der Membran (0,1 μm) ist so gewählt, daß weißes Licht, das normal zur Membranoberfläche einfällt und an den beiden parallelen Oberflächen reflektiert wird, Interferenzerscheinungen zeigt. Die Membran selbst zeigt als Folge der Interferenzerscheinungen eine gelbe Farbe. Wenn infolge des kondensierten Öls die Dicke zunimmt, verändert sich die Farbe nach Rot und später nach Blau. Zwei Körper, die die gleiche Temperatur besitzen (und die gleiche IR-Emissionsfähigkeit) werden das gleiche zeitliche Verhalten zeigen. Bevor das Gerät zur Temperaturmessung eingesetzt werden kann, ist es notwendig, eine Eichung an dem zu untersuchenden Material bei bekannten Temperaturen durchzuführen. Da das PÄT auch bei Temperaturen oberhalb seines Schmelzpunktes untersucht werden sollte, war die Eichung an PÄT nicht durchführbar. Es mußte ein Material gefunden werden, das dieselbe IR-Emissionsfähigkeit wie PÄT, aber einen höheren Schmelzpunkt besitzt. Für diesen Zweck hat sich TEFLON als geeignet erwiesen.

Um die Fadentemperatur durch Vergleich der Evaporographen-Bilder des Fadens mit denjenigen der Eichprobe zu bestimmen, sind zwei Methoden angewandt worden.

a) Beruht auf der Farbänderung von Gelb zu Rot.

Für bestimmte Temperaturen der Eichprobe wurden alle 5 s am Evaporographen Fotografien gemacht und mit deren Hilfe die bei einer Temperatur für den Farbumschlag von Gelb zu Rot notwendige Zeit visuell bestimmt.

b) Beruht auf der fotometrischen Intensität des Bildes im Evaporographen.

Wenn der Zeitpunkt der fotografischen Aufnahme früh genug gewählt wird, ist das Bild im Evaporographen zwar noch gelb, die Intensität allerdings verändert sich als Funktion der Temperatur. Wir nutzten diese Tatsache aus und nahmen jeweils nach 70 s Fotografien des Bildes der Eichprobe bei verschiedenen Temperaturen auf, deren Farbintensität dann gemessen wurde.

Aus der Farbintensität im jeweils nach 70 s fotografisch registrierten Fadenabbild im Evaporographen wurde die Fadentemperatur bestimmt.

Beide Methoden wurden für diskrete Bezugstemperaturwerte (alle 5 grd) geeicht und ergaben die gleichen Oberflächentemperaturen für den Faden. Die Werte sind in Tabelle 2 angegeben.

Tabelle 2. Oberflächentemperaturen des spinnenden Fadens

Abstand von der Spinndüse in cm	1	3	8	13	19	27	35
Temperatur in °C	257	253	240	227	215	190	175

Solange wir den Faden in der Nähe des Spinnkopfes untersuchten (weniger als 20 cm Abstand), zeigte das IR-Bild denselben Fadendurchmesser, der auch fotografisch im sichtbaren Gebiet bestimmt worden war.

Für größere Abstände zeigte das IR-Bild einen größeren Durchmesser, als er im sichtbaren Gebiet bestimmt worden war. Diese Abweichung wurde durch die Tatsache verursacht, daß im sichtbaren Gebiet die Belichtungszeit $^1/_{50}$ s betrug, im IR-Gebiet aber 70 s (bei Methode b) sogar 80 bis 120 s (bei Methode a). Der Ursprung dieses Phänomens hängt eindeutig mit Schwingungen des Fadens zusammen. Deshalb kann nur für Entfernungen, die kleiner als 20 cm sind, die Methode in der bisher beschriebenen Form angewandt werden. Für die Bestimmung der Fadentemperatur bei größeren Abständen vom Spinnkopf wurde folgendermaßen vorgegangen: Wir berechneten den Quotienten zwischen dem Durchmesser des IR-Bildes und dem des sichtbaren Bildes und ordneten jedem Fotogramm des IR-Bildes eine fiktive Zeit zu, die gleich der wirklichen Zeit, dividiert durch den erwähnten Quotienten, war.

Diese angenommene Zeit wurde als diejenige wirkliche Zeit betrachtet, die für den von Oszillationen freien Faden gelten würde. Was die Fehler der experimentellen Werte der Tabelle 2 betrifft, so läßt sich beweisen, daß sie unterhalb ± 5 grd liegen, insofern sich weder nach Methode a) noch Methode b) Unsicherheiten beim Vergleich der IR-Eichaufnahmen mit denjenigen des Fadens ergaben.

Diskussion

Für die Berechnung der Temperatur entsprechend der Theorie wurden für α und q die Werte 0,764 und 0,41 benutzt. Diese Wahl war durch die *Reynolds*-Zahl

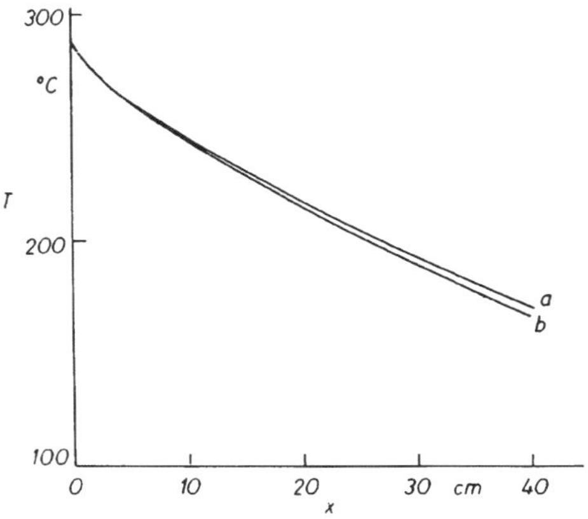

Bild 2. Oberflächentemperaturen, berechnet nach der Theorie von *Andrews*, für extreme Werte des Exponenten q als Funktion des Abstandes x vom Spinnkopf
a) $N_u = 0{,}764\ (\mathrm{Re})^{0{,}38}$ b) $N_u = 0{,}764\ (\mathrm{Re})^{0{,}41}$

Tabelle 3. Benutzte Konstanten

Umgebungstemperatur $T_e = 40\,°C$

$$Z = \frac{Q}{\pi K_p} \varrho C_p = 22{,}1$$

Wärmeleitfähigkeit (PÄT) $K_p = 4{,}44 \cdot 10^{-4}$ cal s^{-1} °C^{-1} cm^{-1}

Dichte (PÄT) $\varrho = 1{,}32$ g cm^{-3}

Fließgeschwindigkeit $Q = 6{,}25 \cdot 10^{-2}$ cm^3 s^{-1}

Spezifische Wärme (PÄT) $C_p = 0{,}38$ cal g^{-1} grd^{-1}

bedingt, die in unserem Fall größer war als diejenige in der Arbeit von *Andrews* (etwa 50).

Eine andere Wahl von α und q ergab innerhalb des Bereichs der in der Literatur angegebenen Werte (siehe Tabelle 1) keine wesentlichen Veränderungen (siehe Bild 2). Weitere benutzte Konstanten zeigt Tabelle 3.

Von der Raumtemperatur wurde in der Arbeit von *Andrews* angenommen, daß sie auch in der Nähe des Spinnkopfes 40 °C beträgt. Diese Wahl ergab sich daraus, daß eine höhere Temperatur nicht durch experimentelle Daten gerechtfertigt ist; andererseits werden nur sehr große Abweichungen sich in einer signifikanten Veränderung der Fadentemperatur widerspiegeln (siehe Bild 3).

In Bild 4 wurden die experimentellen Werte zusammengestellt, die theoretische Kurve nach *Andrews* (unterbrochene Linie) und die theoretische Kurve nach der durch die oben diskutierte Randbedingung modifizierten Theorie, wobei angenommen wurde, daß die Grenzschicht $\delta = 0{,}1\,R$ mißt (durchgezogene Linie).

Für die Abstände x vom Spinnkopf, die größer sind als 10 cm, stimmen die beiden theoretischen Kurven praktisch miteinander und mit den experimentellen Ergebnissen überein. Für kleinere Abstände liegen die experimentellen Punkte nicht auf der theoretischen Kurve, und nur die modifizierte Theorie befindet sich in guter Übereinstimmung mit den experimentellen Ergebnissen.

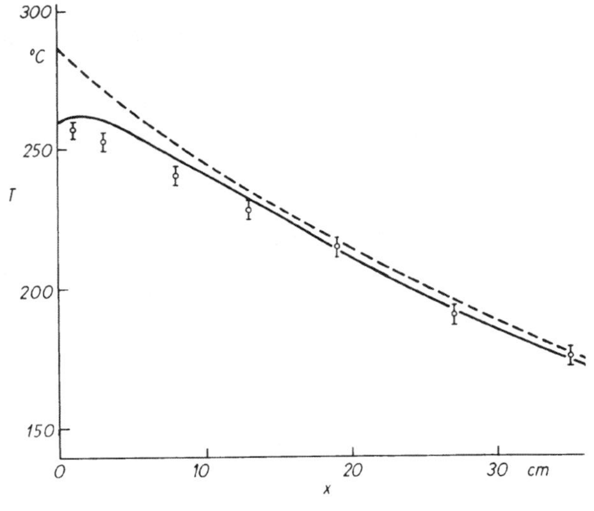

Bild 4. Experimentell bestimmte Oberflächentemperatur (o); *Andrews*-Theorie (unterbrochene Linie); modifizierte *Andrews*-Theorie für $\delta = 0{,}1\,R$ (durchgezogene Linie)

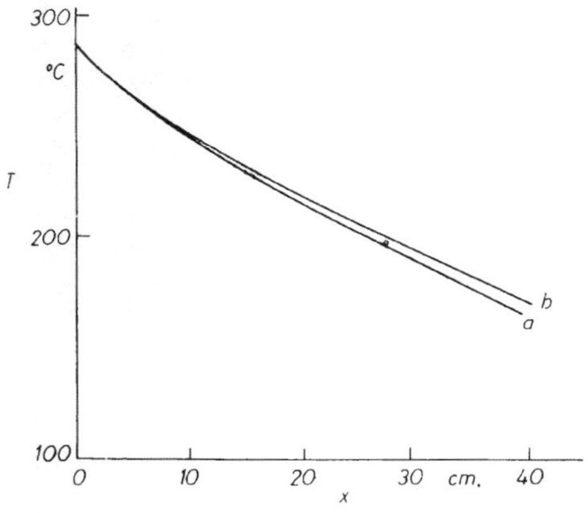

Bild 3. Oberflächentemperaturen, berechnet nach der Theorie von *Andrews*, für zwei Umgebungstemperaturen als Funktion des Abstandes x vom Spinnkopf
a) $T_e = 40\,°C$, b) $T_e = 100\,°C$

Diese Ergebnisse legen den Schluß nahe, daß die Grenzschicht nicht dünner als 0,1 R ist, weil das sonst gemäß der Theorie (Bild 5) zu erwartende Temperaturmaximum in der Nähe der Düse nicht zu beobachten ist.

Die Dicke dieser Schicht kann unter gewissen Vernachlässigungen bestimmt werden, wenn man annimmt, daß der Eintrittswinkel zum Düsenkanal ein Strömungsprofil bestimmt, das demjenigen im Innern der Kapillare gleicht. Auf der Basis dieser Hypothese ist es möglich, die Ergebnisse von *Bird* [9] anzuwenden, die sich auf den Wärmeaustausch einer nicht-*Newton*schen Flüssigkeit beziehen, die mit der Temperatur T_0 in eine Röhre eintritt und nach einer bestimmten Zeit die Temperatur T_1 besitzt.

Das Ergebnis von *Bird* kann folgendermaßen angegeben werden:

$$\frac{\delta}{R} = \frac{1}{N_u} = \frac{\Gamma\left(\frac{7}{3}\right)}{2} \left(\frac{9}{2}\right)^{1/3} \left(\frac{L}{R}\right)^{1/3} (R_e P_r)^{-1/3}, \quad (5)$$

wobei Γ (7/3) die vollständige Gammafunktion und P_r die *Prandtl*-Zahl ist.

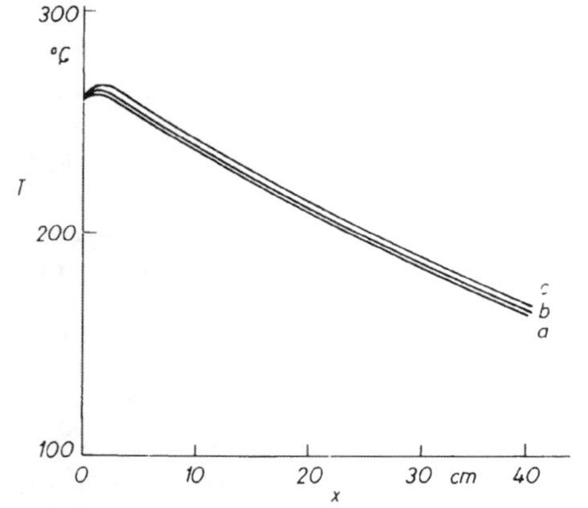

Bild 5. Oberflächentemperaturen für verschiedene δ, berechnet nach der modifizierten *Andrews*-Theorie, als Funktion des Abstandes x vom Spinnkopf
a) $= 0{,}2\,R$, b) $= 0{,}1\,R$, c) $= 0{,}05\,R$.

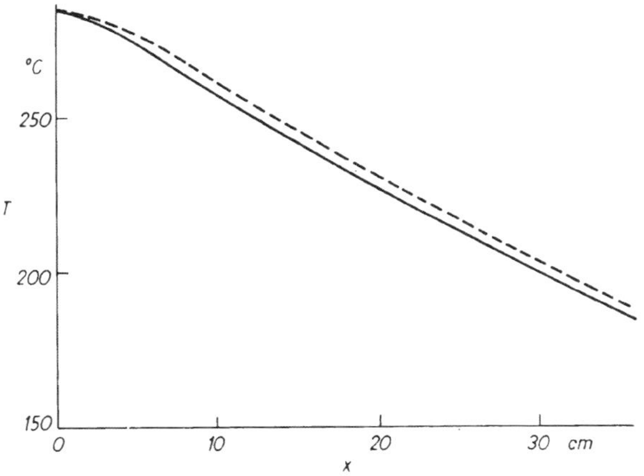

Bild 6. Temperatur der Fadenachse, berechnet nach der *Andrews*-Theorie (unterbrochene Linie) und nach der modifizierten *Andrews*-Theorie (durchgezogene Linie)

In unserem Falle ergibt sich $\delta/R = 0{,}11$.

Dieser Wert ist mit dem oben bestimmten in Übereinstimmung. Die Rechnung mag als sehr grob erscheinen, aber die experimentelle Unmöglichkeit, das genaue Geschwindigkeitsprofil am Eingang des Düsenkanals und die Temperaturverteilung entlang der Kapillare zu bestimmen, macht Verfeinerungen nutzlos. Eine weitere experimentelle Bestätigung für $\delta = 0{,}1R$ ergibt sich aus der Tatsache, daß sich die mittlere Temperatur der Spinnmasse am Ende der Kapillare (T_2) bei Messungen mit einem Thermoelement als nur um 5 grd niedriger ergab, als die Temperatur der Spinnmasse im Innern des Extruders (T_0).

Wenn man annimmt, daß eine Schicht δ der Temperatur T_1 existiert, welche die Temperatur der Düsenwand ist, und daß die Messung von T_2 ohne Wärmeabführung erfolgt — dies kann unter den angeführten Meßbedingungen gelten —, dann ist es möglich, eine einfache Wärmebilanz aufzustellen:

$$T_2 = T_1 \left[1 - \left(\frac{R-\delta}{R}\right)^2\right] + T_0 \left(\frac{R-\delta}{R}\right)^2. \qquad (6)$$

In unserem Falle erhält man wieder $\delta = 0{,}1R$.

Abschließend ergibt sich aus der beschriebenen Untersuchung, daß die an elektrisch beheizten Drähten bestimmte Wärmeübergangszahl auch für das vorliegende Problem benutzt werden kann, und daß die Feststellungen von *Andrews* mit der Wirklichkeit gut übereinstimmen. Es ist allerdings zu berücksichtigen, daß die Oberflächentemperatur des Fadens in der Nähe der Düse stark von der Oberflächentemperatur der Düse beeinflußt wird, und daß die Temperatur des extrudierten Polymerstrahls wesentlich geringer ist als die des Extruders. Diese Tatsache wirkt sich auf die Temperatur im Innern des Fadens nur schwach aus. Bild 6 zeigt die Temperatur der Fadenachse, aufgetragen gegen den Abstand von der Düse, berechnet nach der Theorie von *Andrews* sowie nach der modifizierten Theorie.

Zusammenfassung

Anliegen der vorliegenden Veröffentlichung ist die Messung der Temperatur und des Durchmessers eines frischersponnenen Fadens als Funktion des Abstandes vom Spinnkopf. Das Gerät zur Messung der Temperatur besteht aus einer Einrichtung, die geeignet ist, die Infrarotstrahlung des untersuchten Körpers mit Hilfe der differentiellen Kondensation von Öldämpfen auf einer Membran zu registrieren, auf die das Infrarotbild des untersuchten Körpers projiziert wird („Evaporograph").

Die experimentellen Ergebnisse wurden mit den Ergebnissen der halbempirischen Theorie von *Andrews* verglichen. Da die Übereinstimmung für das Gebiet in der Nähe des Spinnkopfes unbefriedigend war, wurde die Theorie von *Andrews* durch die Annahme modifiziert, daß der aus der Düse austretende Polymerstrom eine Oberflächenschicht besitzt, deren Temperatur infolge des thermischen Austausches mit den Düsenwänden niedriger ist als die Spinntemperatur.

Die im Vergleich zur Spinntemperatur niedrigere Temperatur der Düsenwände erklärt sich aus dem Kontakt der Düsenplatte mit der Außenwelt. Diese Modifizierung hat sich als der Realität besser angepaßt erwiesen, was durch die bessere Übereinstimmung der berechneten Kurve mit den gemessenen Punkten bewiesen wird.

Literatur

[1] *Hearle, J. W. S.*, und *Peters, R. H.:* Fibre Structure. London: Butterworths 1963, S. 485.
[2] *Andrews, E. H.:* Cooling of a spinning thread-line. Brit. J. appl. Physics **10** (1959) S. 39—43.
[3] *Pechoč, V.:* Wärmetechnische Berechnungen zum Spinnprozeß synthetischer Fasern. Faserforsch. u. Textiltechnik **10** (1959) S. 62—67.
[4] *Kase, S.*, und *Matsuo, T.:* Studies on melt spinning. I. Fundamental equations on the dynamics of melt spinning. II. Steadystate and transient solutions of fundamental equations compared with experimental results. J. Polymer Sci., A: General Papers **3** (1965) S. 2541—2554; **11** (1967) S. 251—276.
[5] *Albasiny, E. L.:* On the numerical solution of cylindrical heatconduction problem. Quart. J. Mech. appl. Mathematics **13** (1960) S. 374—384.
[6] *Barnett, T. R.:* Calculation of the temperature of filaments in melt spinning. J. appl. Polymer Sci./Appl. Polymer Symposia (1967) 6, S. 51—65.
[7] *Ziabicki, A.*, und *Kędzierska, K.:* Mechanical aspects of fibre spinning process in molten polymers. Part. I. Stream diameter and velocity distribution along the spinning way. Kolloid-Z. **171** (1960) S. 51—61.
[8] *Jakob, M.:* Heat Transfer. New York: Wiley 1965, S. 559.
[9] *Bird, R. B.*, *Stewart, W. E.*, und *Lightfoot, E. N.:* Transport Phenomena. New York; Wiley 1963, S. 307—308.

Eingegangen am 14. Juli 1970

Differential-thermoanalytische Untersuchungen an Polyäthylenterephthalat

V. Isotherme Messungen im Temperaturbereich von 220 bis 260 °C [1]

Ernst Wiesener

VEB Chemiefaserkombinat Schwarza „Wilhelm Pieck" Rudolstadt, Direktorat Wissenschaft

DK 678.674'524'420:542.943:536.43:541.124.2:541.128.34

In der Arbeit wird über isotherme DTA-Messungen an Polyäthylenterephthalat im Temperaturbereich von 220 bis 260 °C berichtet. Unter Luftatmosphäre wird ein Oxydationspeak festgestellt, dessen Induktionsperiode ein Maß für die Oxydationsbeständigkeit von PÄT darstellt. Aus der Temperaturabhängigkeit der Induktionsperiode wird die Aktivierungsenergie der Initiierungsreaktion bestimmt.

Дифференциальный термический анализ полиэтилентерефталата V. Изотермические измерения в области температур от 220 до 260 °C

Приведены результаты дифференциального термического анализа полиэтилентерефталата в области температур от 220 до 260 °C в изотермических условиях. В атмосфере воздуха установлено наличие пика окисления, индукционный период которого может служить мерой устойчивости полиэтилентерефталата к окислению. Энергия активации реакции инициирования была определена на основе температурной зависимости индукционного периода.

DTA Investigations of Polyethylene Terephthalate. V. Isothermal Measurements in the Temperature Range 220 bis 260 °C

Isothermal DTA measurements with polyethylene terephthalate in the temperature range from 220 to 260 °C are described. Measurements under air resulted in an oxydation peak the induction period of which offers a measure of the stability of PET to oxydation. The activation energy of the initiation reaction was determined from the temperature dependence of the initiation period.

1. *Einleitung*

In einer früheren Mitteilung [1] wurde über einen exothermen Oxydationspeak berichtet, der beim dynamischen Erhitzen unter Luftatmosphäre im Schmelzbereich des Polyäthylenterephthalates (PÄT) auftritt. Es zeigte sich, daß die Intensität dieses Peaks mit steigender Heizgeschwindigkeit abnimmt. Bei Heizgeschwindigkeiten von mehr als 15 grd/min konnte dieser Oxydationspeak überhaupt nicht mehr nachgewiesen werden. Aus diesen Versuchsergebnissen wurde geschlossen, daß die Oxydation des PÄT in starkem Maße zeitabhängig ist. Es lag daher nahe, durch isotherme DTA-Messungen in dem Temperaturbereich, in dem beim dynamischen Aufheizen der Oxydationspeak auftritt, die Zeitabhängigkeit dieses Vorganges zu untersuchen.

Darüberhinaus sollte festgestellt werden, ob auch isotherme DTA-Messungen zur Bestimmung der Oxydationsbeständigkeit von PÄT herangezogen werden können.

2. *Versuchsbedingungen*

Als Meßgerät stand der Registrierende Vakuum Thermoanalyzer (Mettler/Schweiz), eine kombinierte DTA- und Thermogravimetrieapparatur, zur Verfügung. Als Versuchsmaterialien wurden PÄT-Granulate aus der Pilotanlage des VEB Chemiefaserkombinat Schwarza „Wilhelm Pieck" sowie im Labor hergestellte PÄT-Proben verwendet [2].

Die Granulate wurden unter gleichzeitiger Kühlung mit Kohlensäureschnee in einer elektrischen Kaffeemühle gemahlen. Aus dem erhaltenen Mahlgut wurden die gewünschten Korngrößenfraktionen (vorwiegend: $< 0{,}4 > 0{,}2$ mm) durch Siebfraktionierung abgetrennt. Die Probeneinwaage betrug 250 mg. Als thermisch inerte Vergleichssubstanz wurde α-Aluminiumoxid verwendet (Einwaage: 357 mg).

Während der Messungen wurde ein konstanter Luftstrom (15 l/h) durch den Probenraum geleitet. Das Aufheizen bis zum Erreichen der gewünschten Isothermentemperatur erfolgte mit 10 grd/min. Die Isothermentemperatur konnte mit einer Genauigkeit von $\pm$ 0,5 grd eingestellt werden.

Weitere Versuchsbedingungen:

DTA-Empfindlichkeit: 100 µV pro 254 mm Schreiberbreite,

Waagen-Empfindlichkeit: 10 mg pro 254 mm Schreiberbreite.

3. *Versuchsergebnisse*

3.1. *Ein exothermer Peak beim isothermen Erhitzen von PÄT*

Verschiedene PÄT-Proben wurden bis 240 °C aufgeheizt und bei dieser Temperatur isotherm weitererhitzt. In Übereinstimmung mit unseren früheren Beobachtungen trat bei der hier angewandten Heizgeschwindigkeit von 10 grd/min kein Oxydationspeak auf. Dagegen wurde bei der nachfolgenden isothermen Behandlung ein exothermer Peak gefunden, der bei den einzelnen Proben nach unterschiedlichen Verweilzeiten auftritt. Kurze Zeit nach dem Einsetzen des exothermen Peaks zeigt die thermogravimetrische Kurve den Beginn einer erhöhten Abbaugeschwindigkeit an. Das Maximum des exothermen Peaks wird etwa zu der gleichen Zeit beobachtet wie die maximale Abbaugeschwindigkeit (maximale Geschwindigkeit der Masseabnahme).

In Bild 1 sind der beschriebene exotherme DTA-Peak und der Verlauf der thermogravimetrischen Kurve schematisch dargestellt. Hierin bedeuten:

- t_0 Zeitpunkt des Beginns des isothermen Erhitzens,
- t_{oxb} Verweilzeit bis zum Einsetzen des exothermen Peaks,
- t_{oxm} Verweilzeit bis zum Auftreten des Peakmaximums,
- $t_{\Delta Gb}$ Verweilzeit bis zum Beginn der erhöhten Abbaugeschwindigkeit,
- S_b Temperatur des Schmelzbeginns,
- Hox Höhe des exothermen Peaks.

[1] IV s.: Faserforsch. u. Textiltechnik **21** (1970) 10, S. 442 bis 443.

[2] Herrn Dr. *Rudi Schroth* möchte ich sehr herzlich für die Herstellung und freundliche Überlassung der Proben danken.

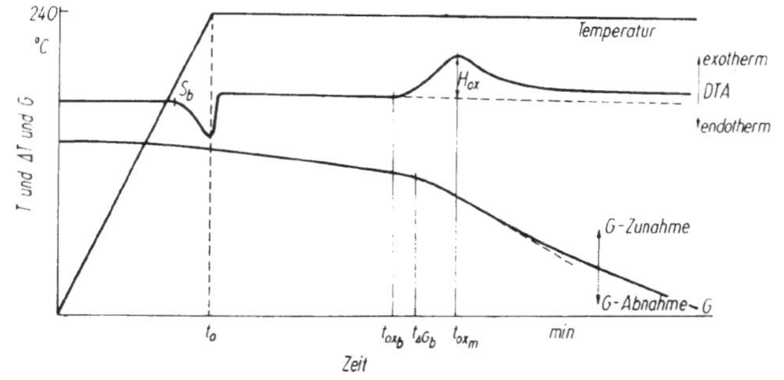

Bild 1. Schematische Darstellung der DTA- und TG-Kurven beim isothermen Erhitzen von PÄT unter Luftatmosphäre

Werden die gleichen Versuche nicht unter Luft-, sondern unter Stickstoffatmosphäre durchgeführt, so tritt der exotherme Peak nicht auf, und auch auf der thermogravimetrischen Kurve ist keine Unstetigkeit festzustellen. Damit ist bewiesen, daß der beschriebene exotherme DTA-Peak und die bei $t_{\Delta Gb}$ einsetzende Erhöhung der Abbaugeschwindigkeit auf die Oxydation des PÄT zurückzuführen sind.

Bemerkenswert sind das spontane Einsetzen des Oxydationsvorganges und das verhältnismäßig scharfe Maximum des Oxydationspeaks. Hieraus könnte die Schlußfolgerung gezogen werden, daß es sich bei dieser Oxydationsreaktion um einen zeitlich engbegrenzten Vorgang handelt, der nach dem „Auslaufen" des exothermen Peaks beendet ist. Gegen diese Deutung spricht jedoch der Verlauf der thermogravimetrischen Kurve, die auch noch lange Zeit nach dem Oxydationspeakmaximum eine deutlich höhere Abbaugeschwindigkeit anzeigt als vor dem Einsetzen des Oxydationspeaks. Es ist danach anzunehmen, daß die Oxydation auch noch nach Überschreiten des Peakmaximums stattfindet. Eine genauere Analyse des DTA-Kurvenverlaufes zeigt tatsächlich, daß auch diese noch längere Zeit nach dem Peakmaximum nicht wieder die ursprüngliche Grundlinienposition erreicht, d. h., es wird auch bei längeren Verweilzeiten noch eine exothotherme Wärmetönung nachgewiesen, was mit der in diesem Bereich zu beobachtenden Masseabnahme übereinstimmt.

Auf Grund dieser Feststellungen kann der exotherme DTA-Peak folgendermaßen gedeutet werden: Zum Zeitpunkt t_{oxb} setzt der meßbare Oxydationsvorgang ein. Mit zunehmender Erhitzungsdauer (entsprechend zunehmendem Fortschreiten der Oxydation) steigt die Reaktionsgeschwindigkeit rasch an und erreicht zum Zeitpunkt t_{oxm} ihr Maximum. Bei fortdauernder isothermer Behandlung verläuft die Oxydation dann mit annähernd konstanter Geschwindigkeit.

Wie bereits erwähnt, sind die Verweilzeiten bis zum Beginn der Oxydation (t_{oxb}) bei verschiedenen PÄT-Proben sehr unterschiedlich; das gleiche trifft für die entsprechenden Werte des Peakmaximums und des „Massesprunges" auf der thermogravimetrischen Kurve zu (vgl. Tabelle 1).

Wiederholungsmessungen an jeweils gleichen Proben ergaben eine recht gute Reproduzierbarkeit der Werte für t_{oxb}-, t_{oxm}- und $t_{\Delta Gb}$, so daß angenommen werden kann, daß die in Tabelle 1 zusammengestellten Verweilzeiten unter den angewendeten Versuchsbedingungen für die einzelnen Proben als *charakteristische Stoffwerte* anzusehen sind. Das bedeutet aber, daß unter gegebenen Versuchsbedingungen jede PÄT-Probe eine charakteristische *Induktionszeit* t_{oxb} bis zum Start der Oxydation benötigt und daß diese Induktionszeit als ein Maß für die Wirksamkeit von Antioxydantien herangezogen werden könnte. In diesem Zusammenhang ist zu erwähnen, daß mit anderen Meßmethoden, z. B. auch bei Polycaproamid [2] und Polypropylen [3], charakteristische Induktionsperioden für die Oxydationsreaktion nachgewiesen wurden und zur Charakterisierung der Oxydationsbeständigkeit der betreffenden Polymeren verwendet werden.

Tabelle 1. Isotherme DTA- und TG-Messungen an verschiedenen PÄT-Proben. Isothermentemperatur: 240 °C

Probe	t_{oxb} min	t_{oxm} min	$t_{\Delta Gb}$ min
1	30,4	45,4	38,5
2	192,0	243,0	204,0
3	11,5	19,6	15,6
4	28,5	40,0	35,0

Nachfolgend soll über den Einfluß verschiedener Versuchsparameter auf die Induktionsperiode der Oxydation bzw. auf die entsprechenden Verweilzeiten bis zum Erreichen des Oxydationspeakmaximums und der erhöhten Abbaugeschwindigkeit sowie über einige Messungen an speziellen PÄT-Proben mit und ohne Zusätzen berichtet werden.

3.2. *Temperaturabhängigkeit der Induktionsperiode*

Drei unterschiedliche PÄT-Proben wurden jeweils bei verschiedenen Temperaturen im Bereich zwischen 220 und 260 °C unter Luftatmosphäre isotherm erhitzt. Dabei konnte nachgewiesen werden, daß sowohl die

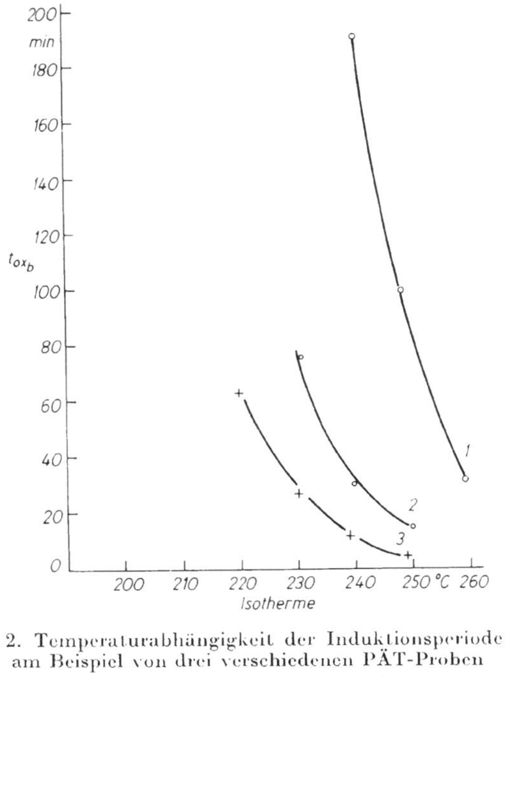

Bild 2. Temperaturabhängigkeit der Induktionsperiode t_{oxb} am Beispiel von drei verschiedenen PÄT-Proben

Induktionsperiode t_{oxb} als auch die entsprechenden Werte für t_{oxm} und t_{AGb} mit steigender Isothermentemperatur exponentiell herabgesetzt werden (s. Bild 2). Andererseits kommt in Bild 2 in anschaulicher Weise die unterschiedliche Oxydationsbeständigkeit der drei PÄT-Proben zum Ausdruck:

Während die Oxydation in Probe 1 bei einer Temperatur von 259°C erst nach ca. 32 min beginnt, setzt sie in den Proben 2 und 3 bei nur 250°C schon nach 15 bzw. 4 min ein.

Es wurde versucht, aus der Temperaturabhängigkeit der Induktionsperiode die Aktivierungsenergie der zugrundeliegenden Initiierungsreaktion zu ermitteln. Hierzu wurde von der Annahme ausgegangen, daß die unterschiedlichen Induktionsperioden dadurch zustande kommen, daß für den nachweisbaren Beginn der Oxydation eine Mindestkonzentration einer aktivierten Komponente („Wirkkomponente") Voraussetzung ist. Diese „Wirkkomponente" ist entweder in der unbehandelten Probe bereits in mehr oder weniger großer Konzentration enthalten oder muß erst während des isothermen Erhitzens gebildet werden. Weiterhin wurde angenommen, daß die Bildung der „Wirkkomponente" entsprechend einer Reaktion erster Ordnung abläuft. Hieraus folgt:

$$\frac{dQ}{dt} = K \cdot Q_0; \qquad (1)$$

dQ Änderung der Konzentration der „Wirkkomponente",
Q_0 Ausgangskonzentration des ungeschädigten PÄT;

da

$$K = K_0 \cdot e^{-\frac{\Delta A}{RT}}; \qquad (2)$$

K Geschwindigkeitskonstante,
ΔA Aktivierungsenergie,

folgt aus (1):

$$dQ = Q_0 \cdot K_0 \cdot e^{-\frac{\Delta A}{RT}}\, dt. \qquad (3)$$

Durch Integration in den Grenzen von Q_A (Anfangskonzentration der „Wirkkomponente") bis Q_W (Mindestkonzentration der „Wirkkomponente"), erhält man:

$$Q_W - Q_A = Q_0 \cdot K_0 \cdot e^{-\frac{\Delta A}{RT}} \cdot t_{oxb}, \qquad (4)$$

t_{oxb} Induktionszeit bis zum Einsetzen der Reaktion,

$$t_{oxb} = \frac{Q_W - Q_A}{Q_0 - K_0} \cdot e^{+\frac{\Delta A}{RT}}, \qquad (5)$$

bzw.:

$$\ln t_{oxb} = \ln \frac{Q_W - Q_A}{Q_0 - K_0} + \frac{\Delta A}{RT}. \qquad (6)$$

Wird $\ln t_{oxb}$ (bzw. $\log t_{oxb}$) als Funktion von $1/T$ graphisch dargestellt, so wird eine lineare Beziehung erhalten (vgl. Bild 3), aus deren Richtungsfaktor die Aktivierungsenergie berechnet werden kann ($\text{tg}\,\alpha = \Delta A/R$). Für die beiden in Bild 3 demonstrierten Fälle wurden auf diese Weise Aktivierungsenergien von 50,8 bzw. 50,3 kcal/mol ermittelt. Daraus folgt, daß bei den verschiedenen Proben jeweils die gleiche Initiierungsreaktion abläuft, die durch eine Aktivierungsenergie von ca. 50,5 kcal/mol gekennzeichnet ist. Dieser Wert entspricht größenordnungsmäßig der Aktivierungsenergie für die thermische Kettenspaltung von PÄT, die zu 42 bzw. 48 kcal/mol bestimmt wurde [4]. Es wäre demnach denkbar, daß der im einzelnen noch nicht aufgeklärte Initiierungsmechanismus in enger Beziehung mit der thermischen Kettenspaltung steht. Andererseits kann gefolgert werden, daß wegen der konstanten Richtungsfaktoren der Geraden in Bild 3 und wegen der unterschiedlichen Ordinatenabschnitte (vgl. $\ln Q_W - Q_A/Q_0 \cdot K_0$) die Annahme begründet ist, daß die verschiedenen Proben zu Beginn des isothermen Erhitzens unterschiedliche Ausgangskonzentrationen der hypothetischen „Wirkkomponente" enthalten.

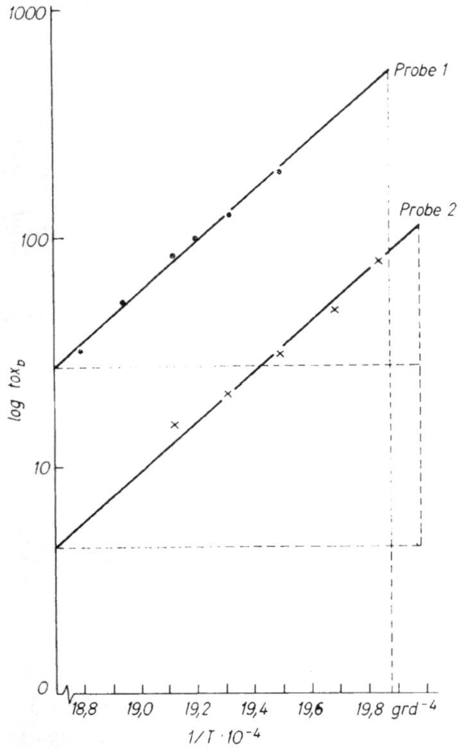

Bild 3. Log t_{oxb} als Funktion von $1/T$

3.3. *Einfluß unterschiedlicher thermischer Vorbehandlungen*

Verschiedene PÄT-Proben wurden unter Luftatmosphäre so lange bei 240°C erhitzt, bis das Maximum des Oxydationspeaks überschritten war. Nach dem Abkühlen der so vorbehandelten Proben wurden diese erneut bis 240°C aufgeheizt und bei dieser Temperatur isotherm weiter erhitzt. Dabei konnte in keinem Falle ein Oxydationspeak bzw. eine spontane Erhöhung der Abbaugeschwindigkeit nachgewiesen werden. Die Abbaugeschwindigkeit ist allerdings beim zweiten Aufheizversuch schon zu Beginn deutlich höher als beim ersten Versuch vor dem Einsetzen des Oxydationsvorganges. Das läßt darauf schließen, daß beim erneuten Aufheizen die Oxydation sofort ohne Induktionsperiode einsetzt.

Tabelle 2. Charakteristische Induktionszeiten von drei unterschiedlichen PÄT-Proben (ohne eine vorherige Lufttemperung) bei 230 °C

Probe	t_{oxb} min	t_{oxm} min	$t_{\Delta Gb}$ min
5	60,0	89,0	73,0
6	16,2	19,6	27,3
7	105,0	119,0	112,0

PÄT-Proben, die vorher 2 h unter Stickstoffatmosphäre bei 240 °C erhitzt worden waren, zeigten erwartungsgemäß nach dem Abkühlen und erneuten Erhitzen unter Luftatmosphäre wieder den Oxydationspeak. Allerdings waren die Induktionsperioden deutlich geringer als bei den entsprechenden unbehandelten Proben. Demnach trat auch während der 2 h Temperung unter Stickstoffatmosphäre eine Aktivierung der Proben ein.

Wird die Vortemperung unter Luft jedoch nicht so lange ausgedehnt, bis das Peakmaximum überschritten ist, sondern etwa nach Ablauf der halben Induktionsperiode abgebrochen, so wird beim erneuten Erhitzen unter Luftatmosphäre nur noch eine Induktionsperiode beobachtet, die der Differenz aus der Induktionsperiode der unbehandelten Probe und der vorher angewendeten Vortemperungsdauer entspricht. Dies soll an den folgenden Beispielen demonstriert werden:

In Tabelle 2 sind die charakteristischen Induktionsperioden der Oxydation für drei unterschiedliche PÄT-Chargen zusammengestellt.

Die gleichen Proben, deren Induktionsperioden (t_{oxb}-Werte) bei 230 °C 60, 16,2 und 105 min betrugen, wurden 26, 6,5 und 53,8 min lang bei 230 °C unter Luft erhitzt. Nach dem Abkühlen der so vorbehandelten Proben wurden diese erneut bis 230 °C aufgeheizt und so lange bei dieser Temperatur gehalten, bis der Oxydationspeak auftrat. Wie aus Tabelle 3 folgt, entsprechen die jetzt gemessenen Induktionsperioden fast genau der Differenz aus den Induktionsperioden der unbehandelten Proben und den Zeiten der Vortemperung. Das heißt, die charakteristischen Induktionsperioden von vorgetemperten PÄT-Proben werden um den Betrag der entsprechenden Vortemperungsdauer unter Luftatmosphäre herabgesetzt.

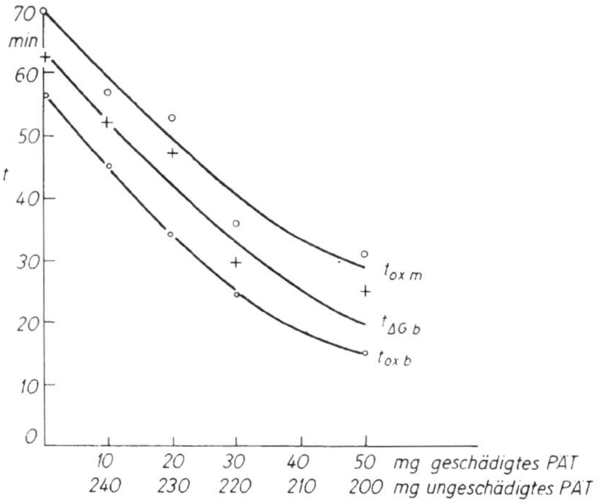

Bild 4. Die charakteristischen Induktionszeiten t_{oxb}, t_{oxm} und $t_{\Delta Gb}$ in Abhängigkeit von der Konzentration an geschädigtem und ungeschädigtem PÄT

Tabelle 3. Induktionszeiten der Proben 5 bis 7 nach einer Vortemperung unter Luftatmosphäre bei 230 °C

Probe	Vortemperungsdauer min	Induktionszeiten nach der Vortemperung min			Summe: Vortemperungsdauer + gemessene Induktionszeiten min		
		t_{oxb}	t_{oxm}	$t_{\Delta Gb}$	t_{oxb}	t_{oxm}	$t_{\Delta Gb}$
5	26,0	36,2	50,0	44,7	62,2	76,0	70,7
6	6,5	10,8	14,6	20,8	17,3	21,1	27,3
7	53,8	53,0	68,0	62,0	106,8	121,8	115,8

3.4. Beeinflussung des Oxydationsverhaltens unbehandelter PÄT-Proben durch Zusätze an oxydativ bereits geschädigtem PÄT

Eine PÄT-Probe wurde zunächst bei 240 °C unter Luftatmosphäre so lange erhitzt, bis das Oxydationspeakmaximum überschritten war. Von dieser oxydativ geschädigten PÄT-Probe wurden dann unterschiedliche Mengen einer frischen, ungeschädigten PÄT-Probe zugemischt. Es sollte festgestellt werden, ob durch die Zusätze von geschädigtem PÄT die Induktionszeiten der frischen Probe beeinflußt werden. Die erhaltenen Meßergebnisse sind in Bild 4 dargestellt. Hieraus folgt, daß mit steigendem Anteil der oxydativ geschädigten PÄT-Komponente die Induktionsperiode der Oxydation deutlich herabgesetzt wird. Dieses Ergebnis unterstützt die oben gemachte Annahme, daß für den Start der Oxydationsreaktion offenbar eine Mindestkonzentration einer aktivierten „Wirkkomponente" vorhanden sein muß.

3.5. Der Oxydationspeak von PÄT-Mischungen

Es wurden jeweils zwei PÄT-Proben, die im Einzelversuch sehr unterschiedliche Induktionszeiten zeigten, im Verhältnis 1 : 1 miteinander vermischt und unter Luftatmosphäre bei 230 °C isotherm erhitzt. Dabei wurde festgestellt, daß auf der DTA-Kurve nicht zwei aufeinanderfolgende Oxydationspeaks auftreten, sondern bei allen Versuchen stets nur ein einzelner Peak,

Tabelle 4. Induktionszeiten verschiedener PÄT-Proben und deren Mischungen

Versuch	PÄT-Probe	Induktionszeiten der Einzelkomponenten min			Induktionszeiten der Mischung min		
		t_{oxb}	t_{oxm}	$t_{\Delta Gb}$	t_{oxb}	t_{oxm}	$t_{\Delta Gb}$
1	a	96,1	114	107			
	b	15,4	26,5	20,2			
	Mittelwert	55,3	70,3	64,0	52	66	58
2	a	96,1	114	107			
	b	47,4	64,5	54,4			
	Mittelwert	71,8	89,3	80,7	76,9	91,8	83,2
3	a	16,2	27,3	19,6			
	b	35,0	52,0	42,0			
	Mittelwert	25,6	39,7	30,8	28,9	44,6	38,5

Tabelle 5. Induktionszeiten zweier unterschiedlicher PÄT Chargen — einzeln und gemeinsam (zwei getrennte Schichten) —

PÄT-Probe	Induktionszeiten der Einzelkomponenten min			Induktionszeiten der „Mischung" min		
	t_{oxb}	t_{oxm}	$t_{\Delta Gb}$	t_{oxb}	t_{oxm}	$t_{\Delta Gb}$
a	96,1	114,0	107,0			
b	47,4	64,5	54,4			
Mittelwert	71,8	89,3	80,7	44,8	67	60,0

dessen Induktionszeiten etwa dem arithmetischen Mittel der Induktionszeiten von den jeweiligen Einzelkomponenten entsprechen (vgl. Tabelle 4).

Werden die beiden Einzelkomponenten jedoch nicht miteinander vermischt, sondern als zwei getrennte, aneinander grenzende Schichten in den DTA-Probentiegel gefüllt, beobachtet man beim isothermen Erhitzen unter Luftatmosphäre zwar auch nur einen einzelnen Oxydationspeak. Jedoch die Induktionszeiten dieses Peaks entsprechen hier nicht dem arithmetischen Mittel der Einzelkomponenten, sondern etwa jenen der jeweils oxydationsempfindlicheren Komponente (vgl. Tabelle 5).

3.6. Über die Abhängigkeit der Oxydationsinduktionsperiode von der rel. Molekülmasse des PÄT

Aus einem Polykondensationsansatz wurden durch verschieden lange Reaktionszeiten PÄT-Proben mit unterschiedlicher relativer Lösungsviskosität hergestellt. Mit Hilfe dynamischer DTA-Messungen unter Luftatmosphäre wurde festgestellt, daß die Oxydationsanfälligkeit der unter den oben genannten Bedingungen hergestellten PÄT-Proben mit steigender relativer Lösungsviskosität stark zunimmt (Anstieg der Oxydationspeakflächen und -höhen). Dieses unerwartete Ergebnis sollte durch isotherme DTA-Messungen überprüft werden. Hierzu wurden die Proben mit 10 grd/min von Zimmertemperatur bis 240°C aufgeheizt und bei dieser Temperatur unter Luftatmosphäre isotherm weitererhitzt. Dabei zeigten alle Proben einen deutlichen Oxydationspeak, die Induktionszeiten nahmen mit steigender relativer Lösungsviskosität der PÄT-Proben sehr stark ab. (siehe Bild 5). Somit wird durch die isothermen Messungen bestätigt, daß die Oxydationsanfälligkeit des PÄT mit steigender relativer Lösungsviskosität zunimmt. Eine Interpretation dieses experimentell gesicherten Befundes kann allerdings zum gegenwärtigen Zeitpunkt noch nicht gegeben werden. Hervorzuheben ist jedoch die gute Korrelation zwischen den Ergebnissen der dynamischen und isothermen DTA-Messungen hinsichtlich der Charakterisierung der Oxydationsanfälligkeit von PÄT. Ähnlich gute Korrelationen wurden auch bei anderen Versuchsserien festgestellt.

4. Zusammenfassung

Wird PÄT bei Temperaturen von 220 bis 260°C unter Luftatmosphäre isotherm erhitzt, so beobachtet man auf der DTA-Kurve einen verhältnismäßig scharf einsetzenden Oxydationspeak. Die Induktionsperiode des Oxydationspeaks hängt von der Oxydationsbeständigkeit der jeweils untersuchten PÄT-Proben ab. Durch Temperaturerhöhung wird die Induktionsperiode exponentiell herabgesetzt. Aus der Temperaturabhängigkeit der Induktionsperiode konnte die Aktivierungsenergie der zugrunde liegenden Initiierungsreaktion berechnet werden.

Es wird ferner über einige Ergebnisse berichtet, die bei DTA-Messungen an PÄT-Mischungen sowie an unterschiedlich thermisch vorbehandelten PÄT-Proben erhalten wurden. Eine detaillierte Interpretation des Reaktionsmechanismus bei der Oxydation von PÄT kann allein anhand der DTA-Meßergebnisse jedoch nicht vorgenommen werden. Auf Grund der Empfindlichkeit und guten Reproduzierbarkeit sind die beschriebenen isothermen DTA-Messungen geeignet, die Oxydationsbeständigkeit von PÄT sowie die Wirkung von Inhibitorzusätzen zu charakterisieren.

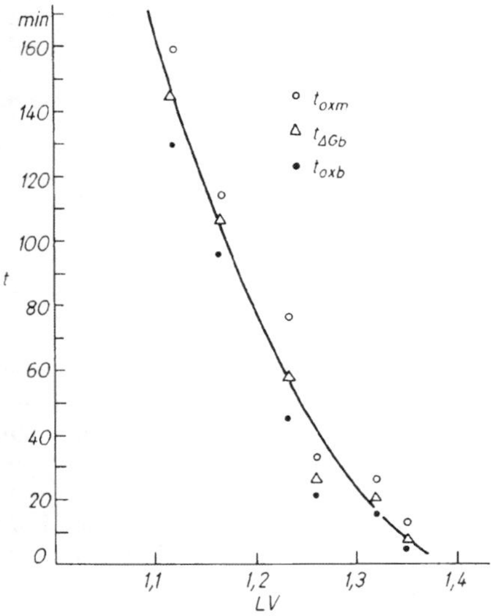

Bild 5. Abhängigkeit der Oxydations-Induktionsperiode von der rel. Molekülmasse des PÄT

Für wertvolle Anregungen und Diskussionen möchte ich meinen Kollegen Dr. *R. Schroth*, Dr. *H. E. Seyfarth* und Dr. *H. Henkel* herzlich danken.

Literatur

[1] *Wiesener, E.:* Differential-thermoanalytische Untersuchungen an Polyäthylenterephthalat. I. Ein exothermer Peak im Schmelzbereich. Faserforsch. u. Textiltechnik **19** (1968) 5, S. 235—238.

[2] *Michajlov, N. V., Efremov, V. Ja.,* und *Lisicyn, A. P.:* Einfluß der Temperatur und des Sauerstoffdrucks auf die Induktionsperiode der Oxydation von Polycaproamid-Faserstoffen. Vysokomol. Soed. (Hochmol. Verbind.) **11** B (1969) 8, S. 586—589; dt. in: Sowj. Beitr. Faserforsch. Textiltechnik **6** (1969) 12, S. 630—632.

[3] *Rysavy, D.:* Thermooxidative stability of polypropylene with regard to the concentration of hydroperoxides in the presence of phenolic stabilizer. Polymer, London **8** (1967) S. 449—462.

[4] *Wiesener, E.:* Thermogravimetrische Untersuchungen zum thermischen Abbau von Polyäthylenterephthalat. Faserforsch. u. Textiltechnik **21** (1970) 2, S. 61—66.

Eingegangen am 2. Juli 1970

Untersuchungen zum Einfluß von Carboxyl- und Carbonylgruppen auf den Verlauf des thermischen und äthanolytischen Abbaus der Cellulose

3. Mitt.: Zur Änderung des Carbonylgruppengehaltes bei thermischer Behandlung von Cellulosepräparaten und seinem Einfluß auf den Abbauverlauf

Burkart Philipp, Dinh van Nghi und Josef Baudisch

Deutsche Akademie der Wissenschaften zu Berlin, Institut für Faserstoff-Forschung in Teltow-Seehof

DK 547.458.81 : 633.511 : 677.463 : 546.157'33 : 546.133.3'33 [536.495 : 542.92] : 541.24 : 542.943 : 547.28/.29—024

Der Einfluß des Carbonylgehaltes auf den thermischen Abbau von ein- und zweistufig mit verschiedenen Oxydationsmitteln oxydierten nativen Baumwoll-Linters und Normalviskoseseide wird untersucht.

Исследования влияния содержания карбоксильных и карбонильных групп на термическую деструкцию и этанолиз целлюлозы

Сообщ. 3-е: Об изменении содержания карбонильных групп при термической обработке целлюлозы и его влиянии на процесс деструкции

Изучено влияние содержания карбонильных групп на термическую деструкцию окисленных образцов целлюлозы (делинт и нормальное вискозное волокно). Окисление проводилось с применением различных окислителей при одно- или двухступенчатом проведении процесса.

Investigations of the Effect of Carboxyl and Carbonyl Groups on the Thermal and Ethanolytic Degradation of Cellulose
3th Comm.: Change of the Carboxyl Content and its Effect on the Thermal Degradation Process of Cellulose Samples

The effect of the carbonyl content on the thermal degradation of cotton linters and commercial rayon filament yarn oxidized in one and two-step processes by various oxidation agents has been investigated.

1. *Einleitende Bemerkungen zur Problemstellung und Versuchsführung*

Während für den säurekatalysierten hydrolytischen wie auch für den alkalischen Abbau des Cellulosemakromoleküls der Zusammenhang zwischen Abbauverlauf und Gehalt an reduzierenden Endgruppen vor allem durch neuere Arbeiten von *Samuelson* u. Mitarb. [1, 2] eingehend untersucht ist, liegt für den wesentlich unübersichtlicheren thermischen Abbau bisher nur wenig Versuchsmaterial zur Änderung des Carbonylgehaltes bzw. des Gehaltes an reduzierenden Gruppen vor. Erwähnt seien hier vor allem Publikationen von *Major* [3] sowie *Rogovin* u. a. [4] und einige eigene Beobachtungen [5], die auf eine erhebliche Zunahme des Carbonylgehaltes auch bei weitgehendem Sauerstoffausschluß während des Abbaus schließen lassen.

Im folgenden wird über Ergebnisse zum Einfluß des Carbonylgehaltes auf den thermischen Abbau von ein- und zweistufig oxydierten Cellulosepräparaten unterschiedlicher übermolekularer Struktur berichtet. Für die erste Oxydationsstufe wurden verschiedene Oxydationsmittel ($NaJO_4$, N_2O_4, $K_2Cr_2O_7$, H_2O_2) eingesetzt, während zur Weiteroxydation stets Chlorit diente. Hinsichtlich der Charakterisierung der Ausgangspräparate, ihrer Oxydation und der Durchführung und Verfolgung des thermischen Abbaus sei auf unsere früheren Mitteilungen verwiesen [6, 7].

[1]) 2. Mitt. s. [7]

2. *Versuchsergebnisse und ihre Auswertung*

2.1. *Nichtoxydierte Cellulosepräparate*

Sowohl für Baumwoll-Linters (BwL) wie für eine normale Viskoseseide (VS) ergibt sich der erwartete Anstieg im Carbonylgehalt beim thermischen Abbau unter trockenem N_2, wobei sich die Ausgangswerte für beide Präparate um etwa eine Zehnerpotenz unterscheiden und dieser Unterschied auch während des Abbaus etwa erhalten bleibt (Tabelle 1). Mit aufgeführt wurde eine unter Zugrundelegung des hier bestimmten DP_v erhaltene „Anzahl der >C=O-Gruppen pro Kette", die trotz ihres formalen Charakters (Benutzung von DP_v statt DP_n) einen gewissen Vergleich von Präparaten mit unterschiedlichem DP ermöglichen soll. Wir setzen dabei willkürlich eine ähnliche DP-Verteilung bei allen hier betrachteten Proben voraus und sind uns darüber im klaren, daß der unter Verwendung von DP_n erhaltene tatsächliche Wert erheblich tiefer liegen müßte. Trotz dieser Einschränkungen erscheinen folgende Aussagen zulässig: Die Zahl der CO-Gruppen pro Kette liegt auch nach langer Abbauzeit erheblich unter 1. Bei annähernd gleichen Ausgangswerten ändert sie sich für BwL während des Abbaus nur wenig, steigt jedoch für VS stark an.

Tabelle 1. DP-Verlauf und Carbonylgehalte beim thermischen Abbau nichtoxydierter Proben bei 170 °C

Baumwoll-Linters: Abbauzeit h	DP	mmol >C=O pro g Cell.	>C=O-Gruppen / Kette	Viskoseseide: Abbauzeit h	DP	mmol >C=O pro g Cell.	>C=O-Gruppen / Kette
0	1850	0,00024	0,071	0	288	0,0020	0,093
3	1131	0,00046	0,083	1	266	0,0042	0,180
7	914	0,00046	0,069	3	256	0,0089	0,370
15	490	0,00094	0,073	7	240	0,0164	0,640
50	311	0,00216	0,111				

2.2. Zweistufig oxydierte Cellulosepräparate mit relativ niedrigem Carbonylgehalt

Verschiedenartig voroxydierte Proben wurden in zweiter Stufe mit Chlorit behandelt, so daß im fertigen Präparat der Carbonylgehalt maximal 10 mol% des Carboxylgehaltes betrug. Verglichen wurde zunächst der Carbonylgehalt während des thermischen Abbaus bei einigen verschiedenartig hergestellten Baumwoll-Oxycellulosen mit annähernd gleichem Ausgangs-DP sowie einer bis zum entsprechenden DP hydrolytisch abgebauten und nur mit Chlorit oxydierten Lintersprobe (Tabelle 2).

Während bei den Chlorit-, N_2O_4/Chlorit- und H_2O_2/Chlorit-Oxycellulosen der Carbonylgehalt während des Abbaus nur langsam, annähernd linear mit der Abbauzeit, ansteigt und dabei in der gleichen Größenordnung wie bei einer nichtoxydierten Probe bleibt, beobachtet man bei den $NaJO_4$/Chlorit-Oxycellulosen eine steile Zunahme des Carbonylgehaltes während der ersten Stunde Abbauzeit (Bild 1), also im gleichen Zeitraum, in dem auch ein sehr starker Abfall des DP und des im Ausgangspräparat recht hohen Carboxylgehaltes festgestellt wurde (vgl. unsere 1. Mitt. [6]). Die Änderung des —C=O-Gehaltes mit wachsendem Spaltungsgrad verläuft für den thermischen Abbau der hier gegenübergestellten Präparate ebenfalls annähernd linear (Bild 2), wobei die Steigung der Geraden in der Reihenfolge $ClO_2' \sim N_2O_4/ClO_2' < H_2O_2/ClO_2' \ll JO_4'/ClO_2'$ zunimmt. Die Perjodat/Chlorit-Oxycellulosen zeigen also auch hier ein von den anderen Präparaten abweichendes Verhalten, indem hier nach 7 h Abbau die Zahl der $\rangle$C=O-Gruppen pro Kette bei annähernd 1, bei allen anderen Proben dagegen bei etwa 0,07 liegt. Die Geschwindigkeit der Kettenspaltung im Anfangsstadium variiert in der früher [6] von uns beschriebenen Weise mit dem Carboxylgehalt der Probe, wobei sich nach

Tabelle 2. Analysendaten verschiedenartig hergestellter Baumwoll-Oxycellulosen

Oxydationsverfahren	DP	mmol COOH / g Cell.	mmol $\rangle$C=O / g Cell.
Hydrolyse/Chlorit	822	0,031	0,0005
$NaJO_4$/Chlorit	1050	0,138	0,0015
$NaJO_4$/Chlorit	896	0,169	0,0057
N_2O_4/Chlorit	881	0,056	0,0008
N_2O_4/Chlorit	744	0,035	0,0011
H_2O_2/Chlorit	824	0,023	0,0006

7 h Abbau bei 170 °C DP-Werte zwischen 250 ($NaJO_4$/ClO_2'-Oxycellulosen) und 480 (H_2O_2/ClO_2'-Oxycellulosen) ergaben. Der thermische Abbau zweistufig oxydierter Viskoseseidenproben läßt sich mit dem der bisher besprochenen Baumwolloxycellulosen nur bedingt vergleichen, einmal wegen der unterschiedlichen übermolekularen Struktur der Proben, zum anderen wegen des niedrigeren DP-Niveaus. Tabelle 3 faßt einige Ergebnisse für hochoxydierte Proben zusammen.

Auch hier steigt der Carbonylgehalt pro g Cellulose beim Abbau in allen Fällen erwartungsgemäß an, ohne

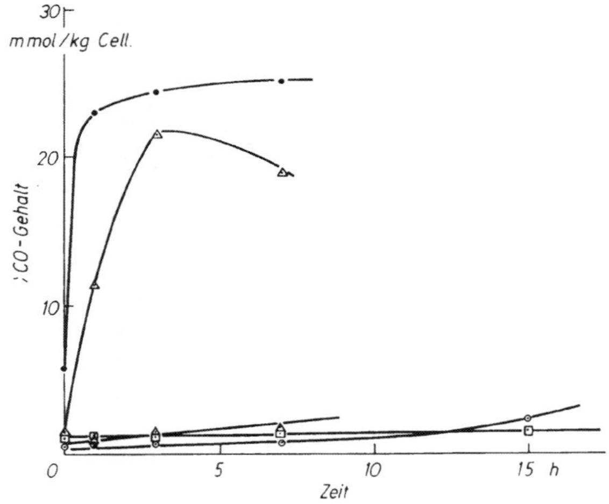

Bild 1. Abhängigkeit des Carbonylgehaltes von der Abbauzeit beim thermischen Abbau unterschiedlich oxydierter Baumwollinters

●—● JO_4-ClO_2-oxyd. BwL ($\rangle$CO = 5,7 mmol/kg Cell.)
▲—▲ SO_4'-ClO_2-oxyd. BwL ($\rangle$CO = 1,5 mmol/kg Cell.)
△—△ H_2O_2-ClO_2-oxyd. BwL ($\rangle$CO = 0,6 mmol/kg Cell.)
□—□ N_2O_4-ClO_2-oxyd. BwL ($\rangle$CO = 1,1 mmol/kg Cell.)
○—○ Hydrolyse-ClO_2-oxyd. BwL ($\rangle$CO = 0,5 mmol/kg Cell.)

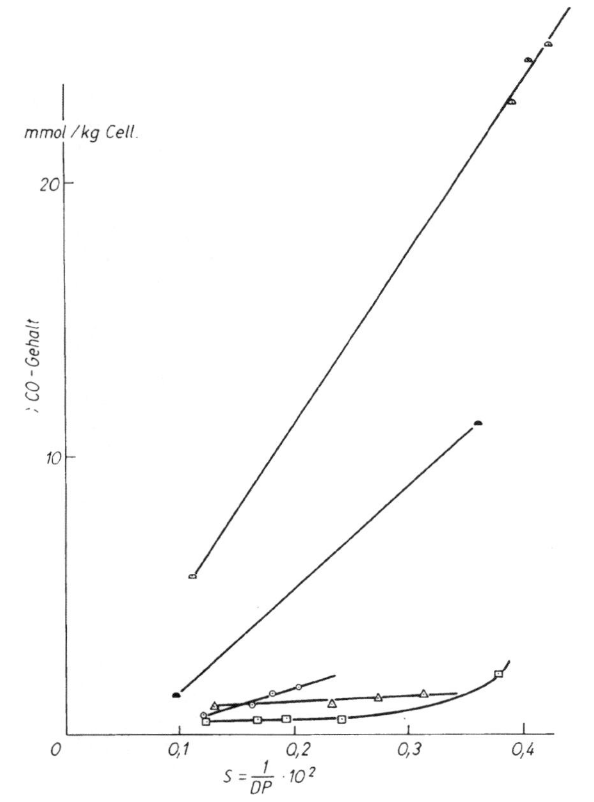

Bild 2. Zusammenhang zwischen Carbonylgehalt und Spaltungsgrad unterschiedlich oxydierter, bei 170 °C thermisch abgebauter Baumwollinters

◒—◒ JO_4-ClO_2-oxyd. BwL ($\rangle$CO = 5,7 mmol/kg Cell.)
◓—◓ JO_4-ClO_2-oxyd. BwL ($\rangle$CO = 1,5 mmol/kg Cell.)
○—○ H_2O_2-ClO_2-oxyd. BwL ($\rangle$CO = 0,6 mmol/kg Cell.)
△—△ N_2O_4-ClO_2-oxyd. BwL ($\rangle$CO = 1,1 mmol/kg Cell.)
□—□ Hydrolyse-ClO_2-oxyd. BwL ($\rangle$CO = 0,5 mmol/kg Cell.)

Tabelle 3. Analysenwerte von Oxycellulosen aus Viskoseseide vor und nach 7 h thermischem Abbau bei 170 °C

Oxydations-verfahren	nicht thermisch abgebaut				thermisch abgebaut			
	DP	mmol COOH / g Cell	mmol >CO / g Cell.	>CO-Gruppen / Kette	DP	mmol COOH / g Cell.	mmol >CO / g Cell.	>CO-Gruppen / Kette
$NaJO_4/ClO_2'$	103	0,52	0,0425	0,71	46	0,46	0,0635	0,47
N_2O_4/ClO_2'	110	0,75	0,1050	1,87	21	0,33	0,1896	0,65
$K_2Cr_2O_7/ClO_2'$	98	0,91	0,0510	0,81	33	0,41	0,1980	1,06

daß sich jedoch die Perjodat/Chlorit-Oxycellulose von den anderen Proben wesentlich unterscheidet. In der Zahl der Carbonylgruppen pro Kette ist hier im Gegensatz zu den Baumwollproben eine deutliche Abnahme während 7 h Abbaus von 0,71 auf 0,47 festzustellen. Das gleiche gilt noch ausgeprägter für eine mit N_2O_4/ClO_2' oxydierte Probe. Wir nehmen an, daß in dem hier vorliegenden niedrigen DP-Bereich bereits ein erheblicher Anteil kurzkettiger hochoxydierter, d. h. Carboxyl- wie Carbonylgruppen enthaltenden Materials vor der Carbonylbestimmung im wäßrigen Waschmedium gelöst wird und daher die gemessenen Carbonylgehalte nur recht bedingt Rückschlüsse auf die Gesamtheit der abgebauten Probe zulassen.

2.3. *Einstufig oxydierte Proben*

Die an je einer Perjodat-Oxycellulose aus Linters und Viskoseseide erhaltenen Ergebnisse sind in den Tabellen 4 und 5 zusammengefaßt, wobei die aufgeführten DP als Mindestwerte anzusehen sind, da der hohe Carbonylgehalt eine Alkalispaltung während der Bestimmung der Cuoxam-DP begünstigt. Der Carbonylgehalt sinkt in beiden Fällen absolut (d. h. m mol >CO/g Cell.) wie auch relativ (>CO-Gruppen je Kette) während des thermischen Abbaus ab, wobei hier zumindest für die Lintersprobe neben dem Herauslösen hochoxydierter Bruchstücke vor und bei der Carbonylbestimmung eine echte Abnahme des Carbonylgehaltes, etwa durch Disproportionierung unter Neubildung von COOH-Gruppen, in Betracht zu ziehen ist.

Aussagen zum Einfluß von Carbonylgruppen im Vergleich zu COOH-Gruppen auf die Geschwindigkeit einer thermischen Kettenspaltung sind bei Verwendung eines Cuoxam-DP am ehesten bei schwachoxydierten Proben niedrigen Carbonylgehaltes möglich. Wir verglichen zwei Lintersoxycellulosen mit annähernd gleichem Ausgangs-DP, deren eine nur mit H_2O_2 oxydiert war, während die andere zweistufig mit H_2O_2/ClO_2' behandelt wurde, hinsichtlich des Abbauverlaufs und der Änderung des Gehalts an funktionellen Gruppen bei 140, 170 und 200 °C. Tabelle 6 faßt die bei 170 °C erhaltenen Ergebnisse zusammen. Der CO-Gehalt der Ausgangsproben zeigt die auf Grund der unterschiedlichen Vorbehandlung zu erwartenden Unterschiede. Bei thermischer Behandlung nimmt der Carboxylgehalt in beiden Fällen während der ersten Stunde erheblich ab, um dann im weiteren Abbauverlauf annähernd konstant zu bleiben auf einem Niveau, das dem der nichtoxydierten Lintersprobe entspricht. Der Carbonylgehalt steigt bei der zweistufig oxydierten Probe im Einklang mit den bereits besprochenen Ergebnissen stetig an, während er bei der nur mit H_2O_2 behandelten Probe ein deutliches Minimum durchläuft. Trotz des relativ niedrigen und für beide Proben größenordnungsmäßig gleichen Gehaltes an funktionellen Gruppen

Tabelle 4. DP-, COOH-, CO-Bestimmung von einstufig mit $NaJO_2$-oxydierten nativen Baumwoll-Linters nach thermischem Abbau bei 170 °C unter Stickstoff

Zeit h	DP	mmol COOH / g Cell.	mmol >CO / g Cell.
0	232	0,0457	0,0635
1	215	0,0537	0,0534
3	194	0,0731	0,0255
7	185	0,0965	0,0260

Tabelle 5. DP-, COOH-, CO-Bestimmung von einstufig mit $NaJO_2$-oxydierter Normalviskoseseide nach thermischem Abbau bei 170 °C unter Stickstoff

Zeit h	DP	mmol COOH / g Cell.	mmol >CO / g Cell.
0	60	0,0971	0,1933
1	46	0,0751	0,1363
3	32	0,0488	0,1159
7	30	0,0488	0,1087

Tabelle 6. Thermischer Abbau von zwei schwach oxydierten Lintersspräparaten bei 170 °C

Zeit h	nur mit H_2O_2 oxydiert			mit H_2O_2/ClO_2' oxydiert		
	DP	mmol COOH / g Cell.	mmol >CO / g Cell.	DP	mmol COOH / g Cell.	mmol >CO / g Cell.
0	734	0,0186	0,0017	824	0,0230	0,0006
1	680	0,0107	0,0007	608	0,0107	0,0011
3	638	0,0114	0,0008	550	0,0110	0,0015
7	554	0,0107	0,0017	481	0,0110	0,0017

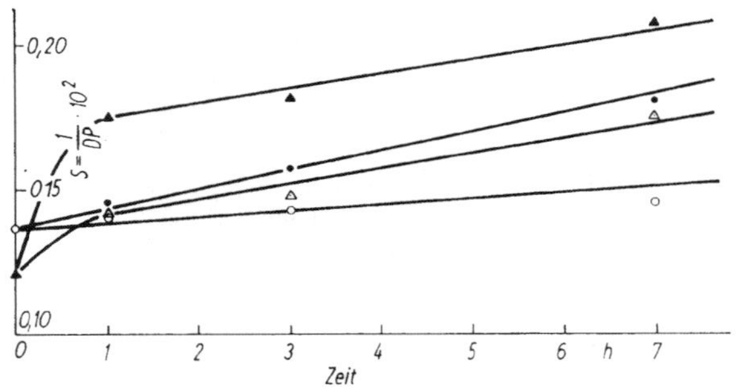

Bild 3. Zusammenhang zwischen Spaltungsgrad und Abbauzeit beim thermischen Abbau unterschiedlich oxydierter Baumwollinters

○ —— ○ H_2O_2-oxyd. BwL (DP = 734), bei 140 °C
● —— ● H_2O_2-oxyd. BwL (DP = 734), bei 170 °C
△ —— △ H_2O_2-ClO_2'-oxyd. BwL (DP = 824), bei 140 °C
▲ —— ▲ H_2O_2-ClO_2'-oxyd. BwL (DP = 824), bei 170 °C

ergeben sich recht charakteristische Unterschiede im zeitlichen Verlauf der Kettenspaltung (Bild 3), indem die zweistufig oxydierte Probe mit dem etwas höheren Carboxylgehalt und dem wesentlich niedrigeren Carbonylgehalt im Anfangsstadium viel rascher abgebaut wird, im Einklang mit unseren früheren Beobachtungen an verschiedenen ClO_2'-nachbehandelten Oxycellulosen.

3. *Zusammenfassende Diskussion und Schlußfolgerungen*

Zunächst sei nochmals darauf hingewiesen, daß für eine Beurteilung des Carbonylgruppeneinflusses auf den Abbauverlauf die Aussagemöglichkeiten durch Unsicherheiten in der konventionellen DP-Bestimmung (alkalische Lösungsmittel wie auch Nitratverfahren) gerade für carbonylreiche Proben erheblich eingeschränkt sind. Immerhin erscheint uns die Feststellung gesichert, daß sich eine Erhöhung des Carbonylgehaltes im Gegensatz zu einer Zunahme des Carboxylgehaltes nicht beschleunigend, sondern vielleicht sogar hemmend auf einen thermischen Kettenabbau auswirkt. Bei niedrigen Carbonylgehalten und hohem Ausgangs-DP (nichtoxydierte Ausgangsproben, mit Chlorit nachoxydierte Baumwollproben) nahm der analytisch erfaßbare Carbonylgehalt während des thermischen Abbaus erwartungsgemäß zu, während bei einstufig ohne Chloritbehandlung oxydierten und daher gegenüber der Carboxylgruppenzahl relativ viel Carbonylgruppen aufweisenden Proben in vielen Fällen eine Abnahme beobachtet wurde, die möglicherweise z. T. auf Disproportionierungsvorgänge unter Neubildung von Carboxylgruppen zurückzuführen ist. Bei Proben niedrigen Ausgangs-DPs muß daneben ein In-Lösung-Gehen hochoxydierter Bruchstücke bei den der Carbonylbestimmung vorausgehenden Waschbehandlungen in Betracht gezogen werden. Auch bei den hier beschriebenen Untersuchungen zum Einfluß der Carbonylgruppen auf einen thermischen Abbau war wieder ein erheblicher Einfluß der übermolekularen Struktur bzw. der Accessibilität des Ausgangspräparats festzustellen, der zugleich eine prinzipielle Einschränkung der Aussagen zum Einfluß funktioneller Gruppen auf Abbauvorgänge erkennen läßt. Obwohl die analytische Bestimmung dieser Gruppen im heterogenen System erfolgt, muß generell eine vollständige oder jeweils gleiche prozentuale Erfassung der betreffenden Gruppen für alle Schlußfolgerungen vorausgesetzt werden, um überhaupt zu Aussagen zu gelangen. Gerade diese Voraussetzung erscheint uns jedoch speziell beim Vergleich von Proben unterschiedlicher Ausgangsstruktur oder von sehr unterschiedlich weit abgebauten Proben mit den bisher bekannten Bestimmungsmethoden noch nicht hinreichend erfüllt.

Literatur

[1] *Samuelson, O.,* und *Thede, L.:* Identification of carboxyl groups in cellulose after aging as alkali cellulose. Tappi, New York **52** (1969) 1, S. 99–104.
[2] *Gunne, I., Samuelson, O.,* und *Thede, L.:* Formation of carbonyl and carboxyl groups during the aging of alkali cellulose. Svensk Papperstidn. **71** (1968) 5, S. 161 bis 164.
[3] *Major, W. D.:* The degradation of cellulose in oxygen and nitrogen at high temperatures. Tappi, New York **41** (1958) 9, S. 530–537.
[4] *Finkelstein, T., Kargin, V. A.,* und *Rogovin, Z. A.:* Über die Veränderungen der physikomechanischen Eigenschaften von Cellulosefasern unter der Einwirkung hoher Temperaturen. Textil-Praxis **7** (1952) S. 641–644.
[5] *Philipp, B.,* und *Baudisch, J.:* Strukturuntersuchungen an Celluloseregeneratfäden mit chemischen Accessibilitätsmethoden. 4. Mitt.: Änderung der Struktur von Cordreyonfäden durch thermische Schädigung. Faserforsch. u. Textiltechnik **16** (1965) 9, S. 449–456.
[6] *Philipp, B., van Nghi, D.,* und *Baudisch, J.:* Untersuchungen zum Einfluß von Carboxyl- und Carbonylgruppen auf den Verlauf des thermischen und äthanolytischen Abbaus der Cellulose. 1. Mitt.: Thermischer Abbau von Perjodat-Chlorit-Oxycellulosen. Faserforsch. u. Textiltechnik **21** (1970) 10, S. 416–421.
[7] *Philipp, B., van Nghi, D.,* und *Baudisch, J.:* Untersuchungen zum Einfluß von Carboxyl- und Carbonylgruppen auf den Verlauf des thermischen und äthanolytischen Abbaus der Cellulose. 2. Mitt.: Thermischer Abbau verschieden hergestellter Oxycellulosen. Faserforsch. u. Textiltechnik **21** (1970) 11, S. 465–469.

Eingegangen am 31. Juli 1970

Über den Einfluß von periodischen Temperaturänderungen auf die Trennleistung der Säulenfraktionierung

Gottfried Glöckner und Rosemarie Kuhnhardt

Technische Universität Dresden, Sektion Chemie, Bereich Hochpolymere und Textilchemie

DK 543.436:543.541.3:536.42:541.24

Die Trübungstitration eignet sich nicht nur zur Bestimmung der rel. Molekülmasse an sehr kleinen Fraktionen, wie sie z. B. bei der analytischen Fraktionierung nach *Baker* und *Williams* anfallen, sondern sie liefert darüber hinaus Informationen über die Verteilung innerhalb dieser Fraktionen und ermöglicht damit Schlußfolgerungen hinsichtlich der Trennschärfe. Unter Verwendung dieser Methode wurde die Leistung der Säulenelution mit Lösungsmittelgradient und periodischen Änderungen der Temperatur der ganzen Kolonne, die *Polaček* angewandt hat, mit der einer *Baker/Williams*-Fraktionierung mit linearem Temperaturgradienten verglichen.

К влиянию периодических изменений температуры на эффект фракционирования на колонке

Турбидиметрический анализ применим не только для определения молекулярных весов узких фракций, например, в случае аналитического фракционирования по Бэкеру и Уиллемсу, но и для получения информации относительно полидисперсности этих фракций, т. е. позволяет делать оценку эффективности фракционирования. С использованием этого метода сравнивалась эффективность разделения по Полячеку (элюирование при градиенте растворителя и периодическом изменении температуры всей колонки) и Бэкеру-Уиллемсу (линейный температурный градиент).

The Effect of Periodical Temperature Changes on the Separation Efficiency in Column Fractionation Experiments

Turbidimetric titration not only proved an adequate tool for the estimation of the molecular weight of very small fractions as obtained, for example, in fractionation experiments according to *Baker* and *Williams*, but also provides information on the distribution within the fractions that allows to in fer the separation efficiency. By this method the efficiency of column elution with solvent gradient and periodical temperature changes according to *Polaček* was compared with that observed in *Baker-Williams* fractionations using a linear temperature gradient.

1. *Theorie*

Bei der von *Polaček* beschriebenen [1] und in einer methodischen Arbeit näher untersuchten [2] Arbeitstechnik ist die zeitliche Änderung der Säulentemperatur T umso größer, je größer ihre Differenz zum Endwert T_∞ ist. Aus dem Ansatz

$$-\frac{dT}{dt} = b(T - T_\infty) \tag{1}$$

resultiert (mit T_0 als *Ausgangswert des Temperaturabfalls*)

$$T = T_\infty + (T_0 - T_\infty) \cdot e^{-b \cdot t}. \tag{2}$$

Die zur Fällung einer Polymerfraktion erforderliche Konzentration $c^\star$ an Fällungsmitteln ist i. a. umso größer, je höher die Temperatur $T^\star$ ist. In mehreren näher untersuchten Fällen wurde gefunden [2 bis 5]:

$$T^\star = \Theta + A \cdot c^\star; \tag{3}$$

A und Θ sind Konstanten.

Die periodische Änderung der Säulentemperatur bewirkt, daß eine Fraktion in einem Gemisch mit dem *Fällungsmittelgehalt* $c^\star$ nur so lange gelöst ist, wie die Temperatur oberhalb des *kritischen Wertes* $T^\star$ liegt. Während der übrigen Zeit liegt die Fraktion als Niederschlag vor. Unter den Annahmen, daß die ausgefallene Probe nicht wandert, daß die Aufheizdauer gegenüber der Abkühlungszeit vernachlässigt werden kann, daß die Temperatur der Säule gleich der des Mantels ist und daß die Durchflußgeschwindigkeit v konstant bleibt, läßt sich die Länge t_n der *Migrationsperiode* des $n$ten Zyklus folgendermaßen errechnen:

Der Fällungsmittelgehalt c des in die Apparatur eintretenden Gemisches ist gleich der Zusammensetzung im Mischgefäß. Diese ändert sich, da in der Zeit dt bei einer Strömungsgeschwindigkeit v das differentielle Volumen $v \cdot dt$ aus dem Mischgefäß austritt und durch ein ebenso großes aus dem Vorratsgefäß mit der geringeren Fällungsmittelkonzentration c_∞ ersetzt wird. Die Fällungsmittelbilanz im Mischgefäß mit dem Volumen V lautet:

$$V \cdot dc = -c \cdot v \cdot dt + c_\infty \cdot v \cdot dt. \tag{4}$$

Das ergibt

$$-\int_{c_0}^{c} \frac{dc}{c - c_\infty} = \frac{v}{V} \int_0^t dt, \tag{5}$$

$$c = c_\infty + (c_0 - c_\infty) e^{-v \cdot t/V}. \tag{6}$$

Als Ausgangspunkt für die weitere Betrachtung wird der Temperaturzyklus gewählt, bei dem im Augenblick der *Maximaltemperatur* T_0 das Lösungsmittelgemisch gerade die Zusammensetzung hat, die zur Auflösung der Fraktion mit der höchsten rel. Molekülmasse erforderlich ist. Da die Temperatur aber sogleich absinkt, kann in diesem Zyklus noch keine Elution erfolgen. Da τ die *Länge einer Periode* ist, beträgt die Fällungsmittelkonzentration zu Beginn des nächsten Zyklus (der die erstmalige Auflösung der Fraktion herbeiführt):

$$c_1 = c_\infty + (c_0 - c_\infty) e^{-(\Phi + v \cdot \tau)/V}. \tag{7}$$

Das Volumen Φ stellt den *Vorlauf* dar, in dem nur Anteile mit niedrigen rel. Molekülmassen gelöst werden konnten. Mit diesem Gemisch wird die Fraktion in die

Säule hineingetragen, bis die sinkende Temperatur zur Wiederausscheidung führt. Die Dauer dieser ersten Wanderung ist t_1.

Bei Beginn des nächsten Zyklus fließt in die Säule ein Gemisch mit der Zusammensetzung

$$c_2' = c_\infty + (c_0 - c_\infty)\, e^{-(\Phi + 2v\tau)/V} \tag{8}$$

ein. Am Ort der deponierten Fraktion ist der Fällungsmittelgehalt zum gleichen Zeitpunkt noch nicht so hoch. Er beträgt

$$c_2 = c_\infty + (c_0 - c_\infty)\, e^{-(\Phi + 2v\tau - vt_1)/V}, \tag{9}$$

d. h., hier erreicht die Fällungsmittelkonzentration erst um t_1 später den am Säulenkopf herrschenden Wert. Das Analoge gilt für alle folgenden Perioden, so daß die Fällungsmittelkonzentration am Ort der Probe zu Beginn des n-ten Zyklus

$$c_n = c_\infty + (c_0 - c_\infty)\, e^{-\left(\Phi + n\cdot v\cdot\tau - v\sum_{i=1}^{n-1} t_i\right)\Big/V} \tag{10}$$

beträgt.

Mit dem Medium dieser Konzentration wandert die Probe, bis die Temperatur so weit abgesunken ist, daß c_n den kritischen Wert c^* darstellt. Die dafür erforderliche Zeit ist die Dauer der *Migrationsperiode*. Sie kann aus der Gleichung

$$T = T_\infty + (T_0 - T_\infty) \cdot e^{-b\cdot t} \tag{2}$$

erhalten werden, indem für T die Fällungstemperatur T^* eingeführt und diese über

$$T^* = \Theta + A \cdot c^* \tag{3}$$

mit der Konzentration am Fällungspunkt verknüpft wird. So erhält man aus Gleichung (2) zunächst

$$t_n = \frac{1}{b} \ln \frac{T_0 - T_\infty}{T^* - T_\infty} \tag{11}$$

und nach Berücksichtigung von Gleichung (3):

$$t_n = B - \frac{1}{b} \ln (\Theta - T_\infty + Ac^*), \tag{12}$$

$$t_n = B - \frac{1}{b} \ln \left\{C + D \cdot \exp\left[-v\left(n\cdot\tau - \sum_{i=1}^{n-1} t_i\right)\Big/V\right]\right\} \tag{13}$$

mit

$$B = \frac{1}{b} \cdot \ln (T_0 - T_\infty),$$

$$C = \Theta - T_\infty + A \cdot c_\infty,$$

$$D = A(c_0 - c_\infty) \cdot \exp(-\Phi/V).$$

Die Gleichung (13) ermöglicht die Berechnung der Migrationszeiten für den Anteil mit der maximalen rel. Molekülmasse in jeder Temperaturperiode und wurde von *Polaček* benützt [2]. Ihre Anwendung schließt die Annahmen ein, daß das Elutionsmittel die für eine Auflösung der Probe bei z. B. $T^* = 40\,°C$ erforderliche Mindestzusammensetzung gerade in dem Zeitpunkt erreicht, in dem ein Maximum der Temperaturperioden liegt, und daß die Aufheizung vom Tiefstwert zum Höchstwert mit unendlich großer Geschwindigkeit erfolgt. (In dieser Hinsicht ist unsere in Abschnitt 3 erläuterte und in Bild 2 wiedergegebene graphische Ermittlung des Elutionsverlaufs realistischer.)

2. *Versuchsdurchführung*

2.1. *Trennapparatur*

Die Fraktionierungen wurden mit der Ganzglaskolonne [6] durchgeführt, die sich für diese vergleichenden Untersuchungen optimal eignet, da sie die Konstanthaltung aller Randbedingungen und somit die ausschließliche Variation des zu untersuchenden Parameters „Temperatur" ermöglicht. Das mit Balotini (0,3 bis 0,5 mm ⌀) gefüllte Trennrohr aus Rasothermglas hatte eine Länge von 1000 mm und einen Innendurchmesser von 24 mm. Durch den konzentrisch angeordneten Glasmantel des Trennrohres wurde beim normalen Betrieb Wasser mit definierter Strömungsgeschwindigkeit und Eintrittstemperatur von unten nach oben über elektrisch beheizte Drähte geleitet, an denen es sich so erwärmte, daß in der Säule ein linearer Temperaturgradient entstand.

Zur Realisierung der von *Polaček* vorgeschlagenen Variante wurde die elektrische Mantelheizung nicht eingeschaltet und der Mantel statt dessen in ein Kreislaufsystem mit zwei gleichen Umlaufthermostaten entsprechend Bild 1 eingebunden. Die Temperaturzyklen wurden folgendermaßen verwirklicht [7] (siehe Bild 1):

Der Mantel der Trennsäule war mit dem Thermostaten A verbunden, wenn die Ventile 1a und 2a geöffnet waren. (Der andere Thermostat B war dann durch die geschlossenen Ventile 1b und 2b von der Apparatur getrennt und lief mit kurzgeschlossenem Flüssigkeitskreislauf. Das Kühlwasserventil 3b war ebenfalls geschlossen, da sich das Wasser im Thermostaten B auf die obere Arbeitstemperatur (40 °C) erwärmen sollte).

Thermostat A war bereits auf 40 °C vorgeheizt worden und temperierte in 2 min den angeschlossenen Kreis auf diesen Wert. Zur Einleitung der Abkühlung wurde die Heizung am Thermostaten abgeschaltet und zur Beschleunigung das Kühlwasserventil 3a geöffnet. Der Kühlwasserfluß wurde über ein Rotameter kontrolliert und konstant gehalten, so daß gleichbleibende Abkühlung erreicht wurde. (Ohne Kühlwasser wäre die Abkühlung zu langsam erfolgt. Bei einer 1967 beschriebenen Apparatur [8] hat *Polaček* ebenfalls die ursprünglich angewandte [1] freie Abkühlung durch Wärmeabfuhr an die Umgebung verlassen).

Nach 22 min war die Temperatur auf 25 °C abgesunken. Jetzt wurden die Ventile 1a, 2a und 3a geschlossen und die

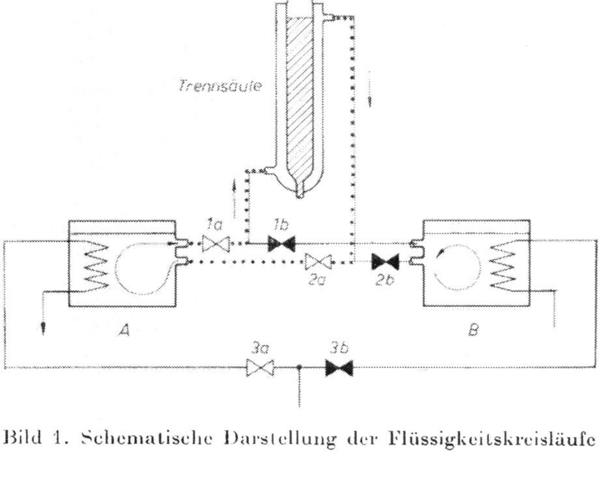

Bild 1. Schematische Darstellung der Flüssigkeitskreisläufe

Ventile 1b und 2b geöffnet, so daß ein neuer Heiz/Kühl-Zyklus mit dem inzwischen auf 40 °C aufgeheizten Thermostaten B beginnen konnte.

Bei den Vergleichsfraktionierungen nach dem normalen *Baker/Williams*-Verfahren wurde mit 15 °C Fuß- und 50 °C Kopftemperatur gearbeitet.

2.2. Proben und Lösungsmittel

Die Fraktionierungen wurden an einem technischen Polystyrol-Perlpolymerisat vorgenommen. Die Lösungsmittel/Fällungsmittel-Gemische wurden aus Methanol „rein" und Benzol hergestellt, das mit Wasser gewaschen, über Calciumchlorid getrocknet und fraktioniert destilliert worden war. Nach Vorversuchen über die Löslichkeit und Fällbarkeit von Polystyrol wurden alle Fraktionierungen mit einem Benzol/Methanol-Gemisch mit 50 Vol.% Methanol begonnen, das im Laufe der Elution durch das Gemisch aus dem Vorratsgefäß mit 20 Vol.% stetig verbessert wurde. Es wurde also mit exponentiellem Lösungsmittelgradienten gemäß Gleichung (6) gearbeitet.

2.3. Probenvorbereitung

Lösungen von jeweils 300 mg des zu untersuchenden Polystyrols in Methylenchlorid wurden auf 30 g Balotini gegeben und unter Rühren zur Trockne gebracht. Die so mit Polystyrol überzogenen Glaskugeln wurden unmittelbar vor Beginn der Fraktionierung in den oberen, entleerten Teil des Trennrohres („Probenbett") eingebracht.

2.4. Elution

Theoretisch und experimentell war gefunden worden, daß die normale *Baker/Williams*-Fraktionierung mit einer Elutionsgeschwindigkeit von 110 ml/h noch scharfe Fraktionen gibt [9, 10]. Diese relativ hohe Geschwindigkeit ermöglichte die Abwicklung der ganzen Trennung in 8 bis 12 h, so daß der aufwendige Nachtbetrieb eingespart werden konnte. Um einwandfrei vergleichen zu können, wurden auch die Fraktionierungen mit periodischer Temperaturänderung mit 110 ml/h ≙ 1,833 ml/min durchgeführt.

2.5. Aufarbeitung der Fraktionen

Die ca. 40 Einzelfraktionen wurden in 50-ml-Bechergläsern aufgefangen und noch als Lösung in einen Vakuum-Trockenschrank gestellt. Durch vorsichtiges Evakuieren über zwischengeschaltete Kühlfallen konnten in 2 bis 3 h alle Proben in einem Arbeitsgang zur Trockne gebracht werden. Diese schon bei früheren Fraktionierungen [9] angewandte Technik ist nicht nur zeitsparend, sondern ermöglicht auch die Wiedergewinnung der Lösungsmittel und gewährleistet schonende Trocknung der Proben bei Zimmertemperatur und völliger Staubfreiheit. Ein allergischer Punkt des Verfahrens liegt allerdings in den Siedeverzügen, die bei unsachgemäßer Durchführung auftreten und zum schlagartigen Verspritzen des Inhalts von einem oder mehreren Gläsern führen können. Als wirksame Gegenmaßnahmen haben sich beim System Benzol/Methanol ständige leichte Vibratrionen des Schrankes mit seinem Inhalt und die Verhinderung der Auskristallisation von Benzol an der abgekühlten Oberfläche der Flüssigkeit durch gelindes Erwärmen im Laufe der Evakuierung erwiesen. Die Polymersubstanz wurde in den Gläsern anschließend 10 h bei 60 °C und etwa 0,1 Torr getrocknet. Die Behandlung der Gläser mit den Fraktionen bis zur Auswaage und die Vorbehandlung der leeren Gläser bei der Ermittlung der Tara waren in allen Punkten gleich. Dadurch und durch etwa 20 Kontrollgläser, die ohne Füllung denselben Operationen unterworfen und an verschiedenen Stellen der Reihe mitgewogen wurden, konnten die Fehler der Massebestimmungen erheblich verringert werden.

2.6. Fällungstitration der Fraktionen

Jede einzelne Fraktion wurde als hochverdünnte Lösung in Benzol („reinst, thiophenfrei") mit Methanol „reinst" bis zum Auftreten einer Trübung titriert. Die Volumenprozente c^* an Fällungsmittel beim Trübungseinsatzpunkt stehen bei 20 °C mit der tatsächlichen Polymerkonzentration m^* in diesem Punkt und der rel. Molekülmasse M in folgendem, durch Eichung [11] ermittelten Zusammenhang:

$$c^* = 21{,}85 + \frac{3196 - 520 \lg m^*}{\sqrt{M}}. \qquad (14)$$

Damit können auch in diesem Fall Werte der rel. Molekülmasse an Milligramm-Proben bestimmt werden (vgl. [5]).

Die Trübungskurven wurden mit einem Visomat-Kolorimeter KWT_s punktweise aufgenommen. Bei sehr eng geschnittenen Fraktionen heben sie mit scharfem Knick von der Null-Geraden ab, so daß der Trübungsbeginn ohne weiteres erfaßt werden kann. Im allgemeinen haben die Trübungskurven jedoch einen s-förmigen Verlauf, hervorgerufen durch Beimengungen höherer rel. Molekülmasse, die vor der Hauptfraktion ausfallen. In solchen Fällen wurde der Fußpunkt der Wendetangente als Fällungspunkt c^* erfaßt. Die Veränderung im unteren Teil der Trübungskurven zeigen Veränderungen in der Schärfe der Fraktionen an. Die Fällungstitration bietet nicht nur die Möglichkeit, die rel. Molekülmassen der Fraktionen zu bestimmen, sondern sie liefert durch die Form der Trübungskurven zusätzliche Informationen über die Güte der Fraktionierung [12].

3. Zusammenstellung der experimentellen Daten

3.1. Begründung der in dieser Arbeit verwendeten Bedingungen

Unsere Säule besaß ein Retentionsvolumen von 167 ml, so daß bei der Elutionsgeschwindigkeit von 110 ml/h etwa 90 min Verweilzeit bei freiem Durchfluß (*Auslaufzeit* t_A) resultierten.

Mit dieser Elutionsgeschwindigkeit wurden die normalen *Baker/Williams*-Fraktionierungen mit gutem Erfolg und wegen der Vergleichbarkeit auch die Fraktionierungen nach *Polaček* durchgeführt. Während der Durchlaufzeit sollen mehrere Temperaturzyklen ablaufen. Deshalb wurde eine Zykluslänge von 24 min gewählt (2 min Heizen, 22 min Kühlen), die annähernd mit der von *Polaček* u. a. [8] 1967 angewandten (4 min Heizen, 26 min Kühlen) übereinstimmt.

Für den Zusammenhang zwischen kritischer Lösungstemperatur T^* und Fällbarkeit c^* wurden die Messungen von *Schulz* u. Mitarb. [4] an Polystyrol zugrunde gelegt, die zu der aus Gleichung (3) resultierenden Beziehung

$$T^* = -134{,}3 + 6{,}62 \cdot c^* \qquad (15)$$

führen, d. h.

$$\frac{dc^*}{dT^*} = 0{,}15, \qquad (16)$$

während die Werte von *Polaček* für das System PMMA/Aceton/Methanol $dc^*/dT^* = 0{,}40$ ergeben [2]. Dieser Temperaturkoeffizient und die Relation von Auslaufzeit zu Zykluslänge beeinflussen die Zahl der Umfällungen, die bei der Arbeitsweise nach *Polaček* erreicht werden.

Die Versuchsdaten sind in Tabelle 1 zusammengefaßt.

Tabelle 1. Versuchsdaten

		Polaček 1963	Polaček 1967	Diese Arbeit: Baker/Williams-Fraktionierung	Diese Arbeit: Vergleichsfraktionierung
Substanz		PMMA		Polystyrol	
Lösungsmittel		Aceton		Benzol	
Fällungsmittel		Methanol		Methanol	
Säulenlänge	l in cm	65		100	100
Retentionsvolumen	R in cm^3	140		167	167
Volumen d. Mischgefäßes	V in cm^3	500		300	300
Obere Grenztemperatur	T_0 in °C	40	38	—	40
Untere Grenztemperatur	T_∞ in °C	22		—	17
Umkehrtemperatur	T_u in °C	25	26	—	25
Kopftemperatur	T_K in °C	—	—	50	—
Fußtemperatur	T_F in °C	—	—	15	—
Elutionsgeschwindigkeit	v cm^3/min	0,233..		1,833..	1,833..
Auslaufzeit	t_A in min	600		90	90
Zykluslänge	τ in min	75	30	—	24
Unterste Lösetemperatur	Θ in °C	−97,5		−134,3	−134,3
Konstante für die Geschwindigkeit der Temperaturabsenkung	b	0,0239		—	0,048
dT^*/dc^*	A	2,5	2,5	6,62	6,62
Vorlauf	⌀ in cm^3	226		—	483,4
Fällungsmittelgehalt bei Versuchsbeginn	c_0 in %	63	70	50	50
Grenzwert des Fällungsmittelgehalts	c_∞ in %	41	40	20	20
Konstanten in Gleichung (13)	B	120,96		—	65,33
	C	−17,0		—	−18,91
	D	35,0		—	39,6

3.2. *Anzahl der Umfällungen*

Mit der Gleichung (13) kann die *Migrationsdauer*, d. h. die Zeit, während der die Substanz in der Säule wandert, berechnet werden. Diese Zeit stellt einen Anteil der *Zykluslänge* dar, der zunächst ziemlich klein ist, aber mit zunehmender Güte des Lösungsmittels gegen 1 geht. In der übrigen Zeit ist die Säulentemperatur niedriger als die kritische Lösungstemperatur, so daß die Polymerprobe als Niederschlag auf dem Trägermaterial fest liegt und nicht mit wandern kann. In dieser *Stagnationsperiode* fließt das Lösungsmittelgemisch an der Probe vorüber, so daß sich die Substanz im folgenden Zyklus in einem Medium mit größerer Lösekraft befindet und längere Zeit gelöst bleibt. So werden die Migrationszeiten von Periode zu Periode größer. Die Probe befindet sich in der Säule, so lange die Summe der Migrationszeiten kleiner als die Auslaufzeit ist. Die Zahl der Temperaturzyklen bis zum Überschreiten der Auslaufzeit ergibt die Anzahl der

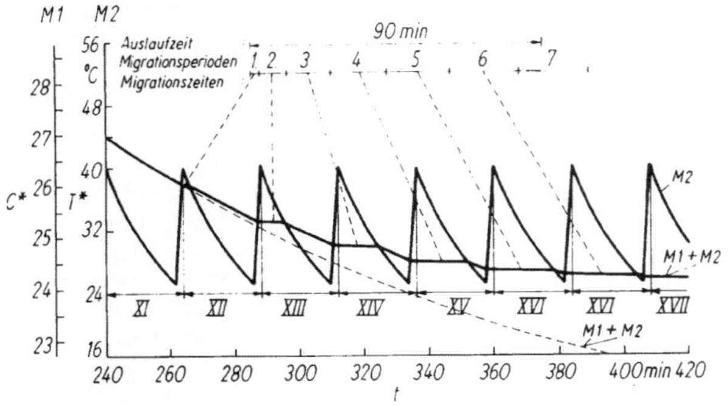

Bild 2. Darstellung der Temperaturänderung mit der Zeit bei periodischem Betrieb

Umfällungen, die die Probe in der Säule erfährt, also die Anzahl der „Böden" der Kolonne.

Anschaulicher und leistungsfähiger hinsichtlich der wirklichkeitsgetreuen Erfassung des Zusammenwirkens von Lösungsmittelgradienten und Temperaturperioden ist die graphische Ermittlung der Migrationszeiten. In Bild 2 ist mit der stetig abfallenden Exponentialkurve (gestrichelt gezeichnet) gemäß Gleichung (6) die Änderung der Lösungsmittelzusammensetzung c dargestellt, die für das vorliegende Polymere zugleich die kritische Zusammensetzung c^* (siehe Ordinate M 1) und damit nach Gleichung (3) einer entsprechenden Änderung der kritischen Lösetemperatur proportional ist. Die Kurve gibt daher mit dem Ordinatenmaßstab M 2 die Abnahme der kritischen Lösetemperatur T^* (für die Anteile mit der höchsten rel. Molekülmasse) als Funktion der Zeit wieder. 240 min nach Elutionsbeginn ist sie bis in die Nähe des Temperaturbereichs abgesunken, in dem sich die periodischen Änderungen der Säulentemperatur abspielen. Bei der Zykluslänge von 24 min beginnt nach 240 min gerade die XI. Periode. Die Sägezahnkurve zeigt die Änderung der Säulentemperatur mit der Zeit an. Die Elution des Anteils mit der maximalen rel. Molekülmasse beginnt in dem Augenblick, in dem sich die stetig fallende Kurve für die kritische Lösetemperatur und die Sägezahnkurve erstmalig schneiden. Damit beginnt die erste Migrationsperiode der Substanz, die nun gelöst ist und mit der Fließgeschwindigkeit der mobilen Phase in die Säule hineingetragen wird. Während der Migration bewegt sich die Polymersubstanz in einem Lösungsmittelgemisch bestimmter Zusammensetzung. Während der Migration ändert sich demnach an der Stelle, an der sich die Polymersubstanz jeweils befindet, die kritische Lösungstemperatur nicht. Die Kurve für den Verlauf der kritischen Lösetemperatur mit der Zeit weicht dadurch hier von dem nach Gleichung (6) und (3) berechneten Verhalten ab, das für einen bestimmten, unveränderlichen Ort, z. B. dem Eintrittsquerschnitt der Kolonne, gilt. Sie läuft während der Migrationsdauer horizontal und folgt erst dann wieder dem exponentiellen Abfall, wenn die Substanz durch die Temperaturerniedrigung ausgefällt und am Trägermaterial fixiert wird. Die nächste Migrationsperiode beginnt mit dem Schnittpunkt dieses fallenden Kurvenastes mit der nächsten, aufsteigenden Flanke der Sägezahnkurve. Das nun folgende horizontale Kurvenstück

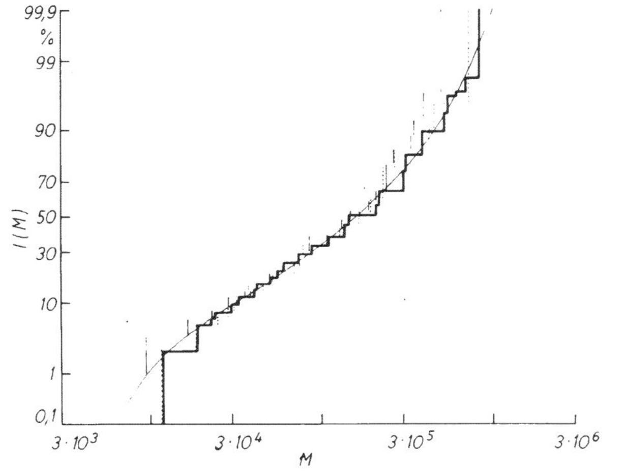

Bild 3. Massenverteilungskurve im Summenwahrscheinlichkeitsnetz für Polystyrol P 70 nach *Baker/Williams*-Fraktionierungen

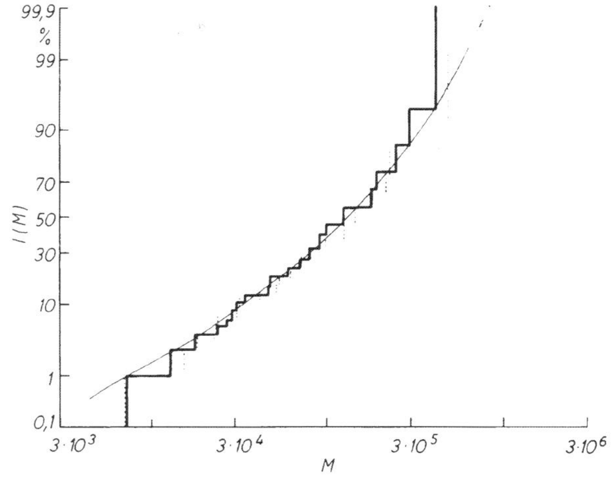

Bild 4. Massenverteilungskurve im Summenwahrscheinlichkeitsnetz für Polystyrol P 70 nach Fraktionierungen mit periodischer Temperaturführung

ist entsprechend dem Profil der Sägezahnkurve länger als das vorherige. (Dabei wird der Verlauf der ansteigenden Flanke mit berücksichtigt, der bei der Rechnung nach Gleichung (13) außer Betracht bleibt!)

Die Länge der horizontalen Kurventeile spiegelt das Vorrücken der Probe in der Säule wider. Aus einem Vergleich mit der Säulenlänge ist die Zahl der Umfällungen ersichtlich.

4. *Versuchsergebnisse*

4.1. *Verteilungskurven*

Bild 3 zeigt im Summenwahrscheinlichkeitsnetz die integrale Massenverteilung des untersuchten Polystyrol P 60 nach den Ergebnissen von drei Fraktionierungen nach *Baker* und *Williams*. Bild 4 gibt die analoge Darstellung von zwei Fraktionierungen mit periodischer Temperaturänderung wieder. In Bild 5 sind diese beiden Kurven zusammen gezeichnet. Die Abweichungen sind geringfügig. Die Fraktionierungen mit periodischen Temperaturänderungen reichen mit etwa 1% Anteil weiter in das niedermolekulare Gebiet, und bleiben andererseits im Bereich der rel. Molekülmassen oberhalb 100000 hinter der Aussage der Fraktionierung mit linearem Temperaturgradient zurück.

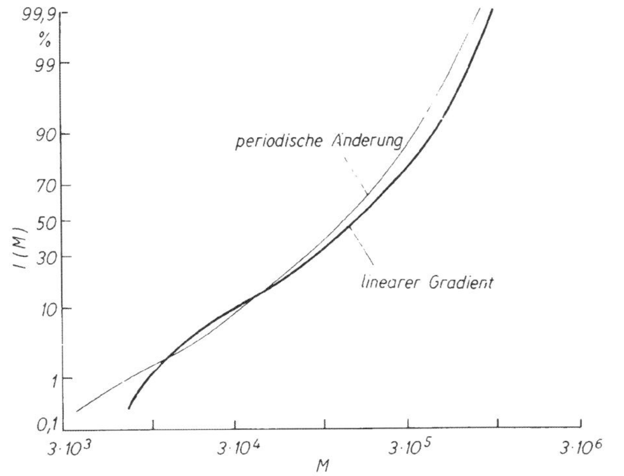

Bild 5. Vergleich der Massenverteilungskurven nach Bild 3 und Bild 4

4.2. *Trübungskurven*

Wie unter 2.6 dargelegt, verändert unzureichende Trennschärfe bei der Fraktionierung die Form der Trübungskurve vor allem hinsichtlich ihres Abhebens von der Nullinie. Bild 6 enthält im oberen Teil die Titrationskurven der nach *Baker* und *Williams* erhaltenen Fraktionen, die überwiegend mit einem schar-

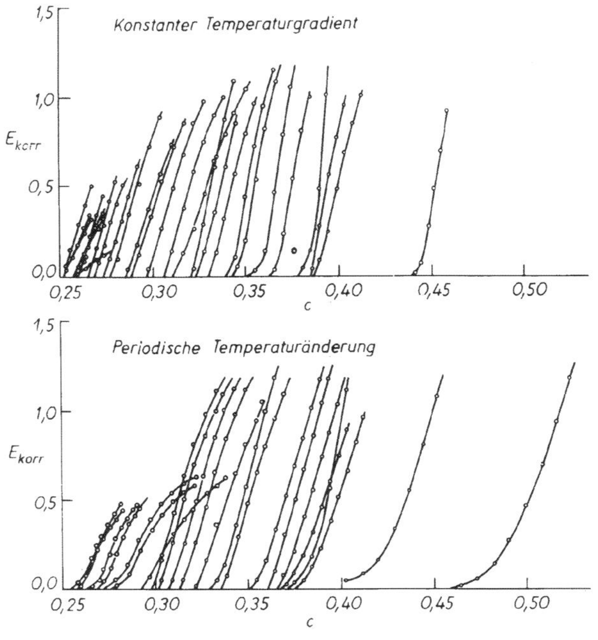

Bild 6. Ergebnisse der Trübungstitration der Fraktionierungen

fen Knick einsetzen. Im unteren Bereich [$c^* \geqq 0{,}34$; $M \leqq 30000$] ist die Trennung nicht vollkommen.

Der untere Teil von Bild 6 gibt die Trübungskurven der Fraktionierung mit periodischer Temperaturänderung wieder. Außer der leichten Krümmung im niedermolekularen Gebiet fällt die Deformation der Kurven im Bereich $0{,}26 \leqq c^* \leqq 0{,}30$ ins Auge ($M \geqq 120000$). Hier ist die Trennschärfe offenbar schlechter als bei der normalen *Baker/Williams*-Technik. Bei rel. Molekülmassen unter 120000 liefert aber auch die von *Polaček* modifizierte Methode gute Fraktionen. Auch die Feststellung von *Polaček*, daß die Fraktionierung mit periodischen Temperaturänderungen leistungsfähiger sei als die Elution bei ***konstanter*** und für die ganze Säule einheitlicher Temperatur, deckt sich mit unseren Erfahrungen. Der Aussage, die pulsierende Temperaturführung sei experimentell leichter und sicherer zu realisieren als ein linearer Temperaturgradient, können wir jedoch nicht zustimmen. Mit der Ganzglaskolonne mit Flüssigkeitsmantel läßt sich ein Temperaturgefälle längs der Säule zuverlässig und mit geringerem Aufwand verwirklichen als die periodischen Temperaturänderungen.

Literatur

[1] *Polaček, J.:* Fraktionierung von Polymethylmethacrylat durch Fällungschromatographie. Coll. czechoslov. chem. Commun. **28** (1963) S. 1838–1847.

[2] *Polaček, J.:* Fraktionierung von Polymethylmethacrylat durch Fällungschromatographie. II. Einfluß der Fraktionierbedingungen auf den Verlauf der Fraktionierung. Coll. czechoslov. chem. Commun. **28** (1963) S. 3011–3018.

[3] *Schulz, G. V.:* Über die Löslichkeit und Fällbarkeit hochmolekularer Stoffe. 3. Z. physik. Chemie A **179** (1937) S. 321–355.

[4] *Schulz, G. V., Deussen, P.,* und *Scholz, A. G. R.:* Zur Theorie der Fällungschromatographie. I. Eine allgemeine Transportgleichung für die Austauschvorgänge zwischen einer ruhenden Gelschicht und einer bewegten Solschicht in einem kombinierten Lösungs- und Temperaturgradienten. Makromol. Chemie **69** (1963) S. 47–73.

[5] *Glöckner, G.:* Über die Bestimmung des Molekulargewichts an Milligramm-Mengen Polymersubstanz durch Fällungstitration. Z. physik. Chemie **229** (1965) S. 98–109.

[6] *Glöckner, G.:* Eine Ganzglaskolonne für die Fällungschromatographie nach *Baker* und *Williams.* Faserforsch. u. Textiltechnik **19** (1968) S. 82–84.

[7] *Kuhnhardt, R.:* Über den Einfluß von Temperaturgradient, Lösungsmittelgradient und Probenmenge auf die Trennleistung der *Baker/Williams*-Fraktionierung. Diplomarbeit, TU Dresden 1968.

[8] *Polaček, J., Schulz, L.,* und *Kössler, I.:* A modified apparatus for the fractionation of polymers by precipitation chromatography. J. Polymer Sci., C: Polymer Symposia (1967) 16, S. 1327–1332.

[9] *Glöckner, G.:* Über die Ermittlung von Molekulargewichtsverteilung durch *Baker-Williams*-Fraktionierung und die Fällungschromatographie von Polycarbonat. Habilitationsschrift, Dresden 1964; Plaste u. Kautschuk **12** (1965) S. 96–102, 110.

[10] *Glöckner, G.,* und *Müller, K.-D.:* Über den Einfluß der Strömungsgeschwindigkeit auf die Trennschärfe bei der *Baker-Williams*-Fraktionierung von Polybutylmethacrylat. Plaste u. Kautschuk **13** (1966) S. 396–397.

[11] *Gahner, E.:* Experimentelle Untersuchungen über die Trennleistung bei der *Baker-Williams*-Fraktionierung. Diplomarbeit, TU Dresden 1967.

[12] *Glöckner, G.:* Zur Molekulargewichtsbestimmung an *Baker-Williams*-Fraktionen. Plaste u. Kautschuk **13** (1966) S. 340–341.

Eingegangen am 23. Juli 1970

Faserforschung und Textiltechnik 21 (1970) Heft 12
529

Gelteilchenbestimmung in Polycaprolactamlösungen[1)2)]

Werner Jaeger, Werner Jakob und Gerhard Reinisch

Deutsche Akademie der Wissenschaften zu Berlin, Institut für Faserstoff-Forschung in Teltow-Seehof

DK 678.675'126:541.182.041:543.257.5

Gel- und Feststoffteilchen in Polycaprolactamlösungen können mittels konduktometrischer Impulsteilchenzählung erkannt werden. Die analytische Partikelbestimmung wird beschrieben, Einflußgrößen und Fehlerquellen werden diskutiert.

Определение геликов в растворах поликапролактама

Гелевидные и твердые частицы в растворах поликапролактама можно обнаруживать путем кондуктометрической регистрации импульсов частиц. Описана методика аналитического определения геликов и обсуждены влияющие факторы и возможные источники ошибок.

The Determination of Gel Particles in Polycaprolactam Solutions

Gel and solid particles in polycaprolactam solutions can be determined by conductometric pulse particle counting. The analytical procedure for determining the particles is decribed taking into account various parameters and sources of errors affecting the results.

1. *Vorbemerkung*

Spinnmasrigkeit und Fadenbrüche bei der Polyamid-„Feinseiden"-Produktion sind so alt wie diese Produktion selbst. Verbesserungen der Polymerenqualität und der Spinntechnologie sowie des gesamten technologischen Regimes bei der Herstellung feindimensionierter Endlosfäden haben zu Fadenbruchzahlen von nur 0,05/100 km geführt (vgl. z. B. [1]).

Will man die Fadenbruchzahlen weiter verringern oder die Ursachen für gelegentlich auftretende Erhöhungen der Spinnmasrigkeit und der Fadenbruchwerte ergründen, dann braucht man außer umfassender technologischer Kontrolle mit administrativen und mit den herkömmlichen meßtechnischen und analytischen Mitteln auch neue Analysenmethoden, die es gestatten, den Prozeßverlauf besser zu verfolgen und auch die Produktenqualität zuverlässiger oder umfassender zu charakterisieren. Diesem Ziel dienen Strömungsanalysen an VK-Rohren mittels Radionucliden [2], Schutzgasanalysen mit hochempfindlichen Sauerstoff-Spurenmeßgeräten [3] und berührungsfreie Messungen des Abkühlungsverlaufs der Fäden [4], um nur einige Beispiele zu nennen. Rheologische Untersuchungen an Extrudersystemen [5] können ebenfalls wichtige Kenndaten liefern. Auch die Analytik der wasserlöslichen Anteile von Polycaprolactam wurde durch den Übergang zum „extraktarmen" Spinnen zweifellos zu größerer Leistungsfähigkeit angeregt. Das empfindliche gaschromatographische Schnellverfahren von *Ongemach* [6] zur Bestimmung des Monomerengehalts in Heißwasserextrakten von Polycaprolactam-Materialien ist ein überzeugender Beweis für das produktive Wechselspiel zwischen technologischen Forderungen und brauchbaren analytischen Ideen.

Spinnmasern zu erkennen und zu zählen, ist heute kein Problem mehr [7]. Man weiß auch, daß sie durch vergelte Polymerteilchen oder durch eingelagerte Festkörper verursacht werden [8]. Ob ein Polymeres aber solche Gel- oder Agglomeratteilchen enthält, wie groß die Zahl heterodisperser, potentieller Störteilchen in Polycaprolactamgranulat ist und durch welche Einflüsse diese potentiellen Störteilchen entstehen (Thermolyse, Thermooxydation, Zusatzstoffe, Einwirkungsdauer der schädigenden Einflüsse), konnte man bislang nicht analytisch feststellen. Wir berichteten bereits kurz darüber, daß wir eine Methode fanden, mit der man solche Fragen beantworten kann [9]. Sie ist empfindlich genug, um schon erste Ansätze zur Produktenverschlechterung erkennen zu lassen. Dabei konnte die Aufgabe der Grundlagenforschung nur darin bestehen, ein leistungsfähiges Verfahren zur Bestimmung von potentiellen Störteilchen zu erarbeiten und die grundsätzlichen Ursachen ihrer Bildung zu ermitteln. Korrelationen zwischen Zahl, Art und Verteilungsspektren der Teilchen einerseits sowie Masrigkeit und Fadenbrüchen andererseits müssen nun von der betriebsanalytischen Verfahrens- und Produktenpflege zusammengetragen werden.

2. *Einführung*

Polyamide unterliegen bei Einwirkung von Licht- bzw. Wärmeenergie Abbau- und Vernetzungsreaktionen. Über die Mechanismen dieser Alterungsreaktionen wurde durch die Charakterisierung von Folgeprodukten und durch Untersuchungen an niedermolekularen Modellverbindungen bereits viel Material gesammelt und erörtert (vgl. z. B. [10 bis 15] und dort zitierte Literatur). Die unter Kettenspaltung verlaufenden Abbaureaktionen werden dabei durch die üblichen Methoden zur Bestimmung der rel. Molekülmasse erfaßt ([10, 15] und dort zitierte Literatur, [13, 16 bis 19]). Sie können naturgemäß auch anhand der Änderungen mechanischer Eigenschaften der Polyamidartikel erkannt werden ([10, 15] und dort zitierte Literatur, [16, 17, 20, 21]). Darüber hinaus sind z. B. Untersuchungen beschrieben, durch Farbreaktionen [22] sowie durch UV-Spektrophotometrie (s. z. B. [18, 19]) spezielle chemische Umwandlungen innerhalb des komplexen Reaktionsablaufs quantitativ zu erfassen. Die Intensität der Lumineszenzstrahlung thermooxydierten Polycaprolactams wird als allgemeine Meßgröße oxydativer Schädigungen diskutiert [23].

Folgeprodukte von C—C-Vernetzungen wurden jedoch nur bei niedermolekularen Modellverbindungen näher charakterisiert [10, 14]. Bei Polyamidmolekeln sind intercatenare Verknüpfungen bislang lediglich als unlösliche Gelanteile nachgewiesen worden [13, 17, 20, 24]. Ihre Abtrennung und summarische quantitative Bestimmung [14, 19, 25] gestattet den Nachweis vernetzter Partikel erst bei relativ hohen Gelkonzentrationen. Die Untersuchung der Anfangsphase der Vernetzungsreaktion erfordert wesentlich empfindlichere Analysenmethoden. Prinzipiell wären dafür anwendbar

a) Bestimmungen der rel. Molekülmasse durch Lichtstreuungsuntersuchungen. In Polyvinylchloridlösungen

[1)] 10. Mitt. über Analytik von Polycaprolactam. 9. Mitt.: *Rafler, G.*, und *Reinisch, G.*: Zur Ermittlung von [η] für Polycaprolactame. Faserforsch. u. Textiltechnik **21** (1970) 10, S. 412—415.

[2)] Teil der beabsichtigten Dissertation von *W. Jakob.*

z. B. wurden von *Kratochvil* durch geringe Mikrogelanteile verursachte Erhöhungen der Streulichtintensität bei niedrigen Winkeln nachgewiesen. Unter bestimmten Bedingungen können auch Dimensionen und Molmassen dieser Mikrogele ermittelt werden [26]. *Fendler* und *Stuart* beobachteten bereits früher bei Lichtstreuungsuntersuchungen von Lösungen technischer Polycaprolactammaterialien in wäßriger Ameisensäure eine hohe Unsymmetrie des Streulichtes, die sich durch Filtrieren durch feinste Glasfilter, nicht aber durch Zentrifugieren der Lösungen verringern ließ. Darüber hinaus nimmt die Unsymmetrie des Streulichtes einer zentrifugierten Lösung mit steigender Meßtemperatur ab, um beim Abkühlen der Lösung wieder anzusteigen. *Fendler* und *Stuart* führen diese Befunde auf die Existenz von Oxydationsprodukten im Untersuchungsobjekt zurück, die sowohl in Form unlöslicher Teilchen als auch nicht durch Hauptvalenzen vernetzter Assoziationskomplexe vorliegen können [27].

b) Bestimmungen der rel. Molekülmasse in der Ultrazentrifuge. Die Schlierendiagramme γ-bestrahlten Polystyrols weisen beispielsweise in Abhängigkeit von der Bestrahlungsdosis neben dem Hauptpeak des unveränderten Materials kleinere Peaks von Anteilen mit wesentlich größeren rel. Molekülmassen auf [28]. Auch in thermisch belastetem Polyhexamethylenadipamid konnten so Gelanteile nachgewiesen werden [29].

c) Gelteilchenbestimmung durch konduktometrische Impulsteilchenzählung.

Wir wählten für die Bestimmung von Zahl und Größe vernetzter Partikel in Polycaprolactam das von *Coulter* [30] erarbeitete letztgenannte Verfahren, das mit hinreichender Empfindlichkeit bereits geringste Anteile von Gelteilchen in den untersuchten Polymerlösungen erkennen läßt. Darüber hinaus werden mit dieser Methode auch nicht quellbare Feststoffpartikel im Subsiebbereich registriert, die sich aus Mischungen mit Gelteilchen jedoch leicht abtrennen lassen.

Über die prinzipielle Anwendbarkeit des Impulsverfahrens zur Gelteilchenbestimmung in Polycaprolactamlösungen haben wir bereits kurz berichtet [9]. Gegenstand dieser Publikation soll die ausführliche Diskussion der Meßmethodik sein; Ergebnisse systematischer Untersuchungen an thermisch und thermooxydativ behandelten Polyamiden werden später mitgeteilt.

3. *Meßverfahren*

Die konduktometrische Impulsteilchenzählung ist als Verfahren zur Bestimmung von Zahl und Größe von Gel- und Feststoffteilchen im Subsiebbereich bei medizinischen und industriellen analytischen Untersuchungen weit verbreitet ([31, 32] und dort zitierte Literatur). In der Polymerchemie wurde diese Methode beispielsweise zur Teilchenzählung und damit zur Charakterisierung des Auflösungszustandes von Viskoselösungen [33] und von Polyacrylnitrillösungen [34] sowie zur Bestimmung von Gelprodukten in Polyvinylchlorid [35] genutzt. Nach Abschluß unserer methodischen Untersuchungen wurde uns eine Patentschrift bekannt, in der Zusätze von Polyäthern zur Verbesserung der Spinnbarkeit gelhaltiger Polyamide beschrieben und in der das Impulsverfahren als Analysenmethode zur Charakterisierung des Gelgehaltes erwähnt wird [36]. Die dort angegebene experimentelle Verfahrensweise sowie ein entsprechender Vergleich mit der von uns als optimal erkannten Variante werden später diskutiert (s. 4.4).

3.1. *Meßprinzip* (*vgl. z. B. [30 bis 32]*)

Die zu analysierenden Teilchen werden in einer geeigneten Elektrolytlösung gleichmäßig suspendiert, so daß mit Hilfe einer Quecksilbersäule ein repräsentatives Teilvolumen bekannter Größe durch eine Düse mit geeignetem Durchmesser gesaugt werden kann. Über zwei Platinelektroden wird in der Kapillare ein elektrisches Feld hoher Feldstärke erzeugt. Die durch die Kapillaröffnung hindurchtretenden Teilchen bewirken eine kurzzeitige Änderung des Widerstandes, die bei konstanten Meßbedingungen (Kapillarabmessungen, Stromstärke, elektrische Leitfähigkeit der Lösung) dem Teilchenvolumen proportional ist. Diese Widerstandsänderung kann als Spannungsimpuls an den Elektroden abgenommen, verstärkt, ausgewertet und gezählt werden. Registriert werden jeweils die Impulse, deren Größe einen am Diskriminator einstellbaren Schwellwert überschreitet bzw. zwischen eingestellten oberen und unteren Schwellwerten liegt. Die Amplitude der Spannungsimpulse und damit die Empfindlichkeit der Messung werden bei gegebener Diskriminatorstellung durch Stromstärke, Impulsverstärkung, Düsendurchmesser und spezifische elektrische Leitfähigkeit der Elektrolytlösung bestimmt, wobei namentlich Düsendurchmesser und Leitfähigkeit bei einem bestimmten Analysenproblem nur innerhalb gewisser Grenzen variabel sind. Mittels bekannter Eich- und Auswerteverfahren (vgl. [31] und dort zitierte Literatur) kann neben der Anzahl auch die Größenverteilung der suspendierten Teilchen ermittelt werden. Da die Widerstandsänderung beim Teilchendurchgang durch die Kapillare auch vom spezifischen Widerstand der Partikel abhängt, können exakte Größenvergleiche nur zwischen Teilchen mit einem für alle Größenklassen konstanten spezifischen Widerstand durchgeführt werden [33]. Liegen darüber hinaus nebeneinander nicht quellbare Partikel und die lösungsmitteldurchtränkten Gelteilchen vernetzter Makromoleküle vor, kann mit dem Impulsverfahren keine eindeutige Größenverteilung der Partikel ermittelt werden.

Das Prinzip des Impulsverfahrens ist verschiedenen Geräteausführungen zugrunde gelegt, von denen die gebräuchlichsten der *Coulter*-Counter, das Celloscope, das EMS-Microscal und die Teilchenzähler TuR ZG 1 und ZG 2 sind. Für unsere Untersuchungen verwendeten wir das Celloscope der Ljungberg AB, Stockholm, und das Granulometer TuR ZG 2 des VEB Transformatoren- und Röntgenwerk Dresden.

3.2. *Meßmedium*

Um das *Coulter*-Prinzip für die Teilchenzählung in Polyamiden anwenden zu können, mußte zunächst ein geeignetes elektrolytisches Lösungsmittel gefunden werden, das

a) eine hinreichend hohe elektrische Leitfähigkeit besitzt,
b) die Polymersubstanz ohne chemische Veränderungen der Makromoleküle (z. B. Hydrolyse) löst,
c) eine möglichst rasche Solvatation der Makromoleküle bewirkt und
d) Polyamidlösungen niedriger Viskosität bildet.

Aus Vorversuchen konnten wir Ameisensäure-Mischlösungsmittel als geeignete Meßmedien auswählen [9].

Bei der Anwendung des Impulsverfahrens haben sich Leitfähigkeiten des Dispersionsmediums von 10^{-3} bis $10^{-1}\ \Omega^{-1} \cdot \mathrm{cm}^{-1}$ bewährt [31]; für die Gelteilchenbestimmung in Polyacrylnitril z. B. wurden nichtwäßrige Lösungsmittel mit einer spezifischen elektrischen Leitfähigkeit von $6 \cdot 10^{-3}\ \Omega^{-1} \cdot \mathrm{cm}^{-1}$ verwendet [34]. Die $\varkappa$-Werte wäßriger Ameisensäure liegen in dem für die Lösung des Polymeren ausreichenden Konzentrationsbereich unter bzw. an der unteren Grenze der genannten Leitfähigkeiten (vgl. Bild 1). Es war deshalb

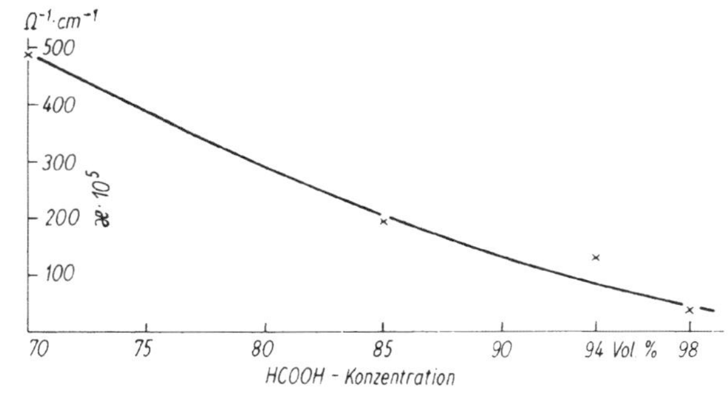

Bild 1. Spezifische elektrische Leitfähigkeit wäßriger Ameisensäure bei 20 °C.

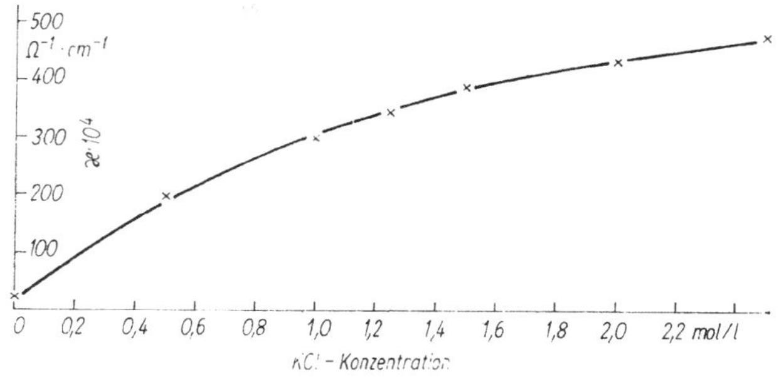

Bild 2. Spezifische elektrische Leitfähigkeit von KCl-Lösungen in 85%iger HCOOH bei 20 °C.

notwendig, durch Zusatz geeigneter Elektrolyte die Leitfähigkeit des Lösungsmittels zu erhöhen, ohne dabei dessen Lösefähigkeit für Polyamide zu beeinträchtigen. Eine Steigerung der $\varkappa$-Werte erreicht man durch Zusatz von KCl (Bild 2). Zur Teilchenzählung in Polyamiden geeignet sind beispielsweise 0,3 bis 1,5 m Lösungen von KCl in 85%iger Ameisensäure (vgl. [9]). Höhere Salzkonzentrationen verbessern zwar die Leitfähigkeit weiter, jedoch wurde in solchen Polyamidlösungen auch Aussalzen des Elektrolyten durch das Polymere beobachtet. Geringe Anteile des Elektrolyten können auch einfach durch Verdampfen des Lösungsmittels auskristallisieren und dadurch fehlerhafte Meßergebnisse verursachen. Wir haben daher das System HCOOH/KCl wieder zurückgestellt.

Die Leitfähigkeit wäßriger Ameisensäure kann für unsere Zwecke besser durch Zusatz geringer Mengen konzentrierter Schwefelsäure erhöht und innerhalb weiter Grenzen variiert werden (Bild 3).

Wäßrige Ameisensäure mit Wassergehalten bis zu 35,5% ist als Lösungsmittel für viskosimetrische Untersuchungen von Polycaprolactam geläufig, vgl. z. B. [27, 37 bis 40]. Die Hydrolysebeständigkeit von Polyamiden in Ameisensäure nimmt bei Raumtemperatur mit steigendem Wassergehalt allmählich ab, die viskosimetrisch registrierten Effekte sind jedoch innerhalb der ersten Stunden nach Auflösung des Polymeren sehr gering [27, 39, 40]. Nur bei Polymerproben mit besonders hohen rel. Molekülmassen wurde in wäßriger

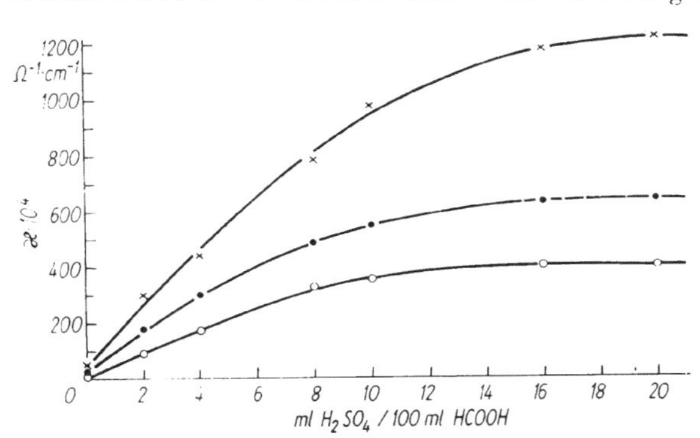

Bild 3. Abhängigkeit der spezifischen elektrischen Leitfähigkeit von HCOOH unterschiedlicher Konzentration vom Gehalt an 95,6%iger H_2SO_4 bei 20 °C.
(× 70%ige HCOOH; • 85%ige HCOOH; ○ 98%ige HCOOH)

Ameisensäure mittels Lichtstreuungsuntersuchungen ein hydrolytischer Abbau registriert [41]. Wir stellten fest, daß in Mischungen aus 70%iger, 85%iger und 98%iger Ameisensäure mit 95,6%iger Schwefelsäure (Volumenverhältnisse 100:2; 100:10; 100:15 bzw. 100:2; 100:4; 100:8; 100:16 bzw. 100:2; 100:4; 100:8; 100:15) die rel. Lösungsviskosität 1%iger Polycaprolactamproben ($\overline{P}_n = 140$) bei 20 °C innerhalb von 8 h nach Lösebeginn auf $\Delta\eta_{rel}$ von $5 \cdot 10^{-3}$ konstant blieb. Für thermooxydativ geschädigte Materialien (Schädigung durch 7 h Erwärmen von Granulat auf 200 °C an der Luft) wurden analoge Ergebnisse erhalten.

Die o. g. Mischlösungsmittel haben eine hervorragende Lösefähigkeit für Polycaprolactam. Während bei Verwendung wäßriger Ameisensäure für die Auflösung von Polymerproben insbesondere höherer rel. Molekülmassen entweder vielstündige Lösezeiten bei Raumtemperatur oder aber Erwärmen mit verstärkter Hydrolysegefahr notwendig sind [27, 40, 41], löste sich Feinkorngranulat vom $\overline{P}_n = 140$ in allen angeführten $HCOOH/H_2SO_4$-Mischungen bei 20°C in weniger als 2 h zur 1%igen Lösung auf. Darüber hinaus haben diese Polycaprolactamlösungen eine hinreichend niedrige Viskosität, so daß das Lösungsmittelsystem Ameisensäure/Schwefelsäure/Wasser in den angeführten Konzentrationen allen Anforderungen für die Verwendung bei der konduktometrischen Impulsteilchenzählung entspricht.

Die spezifischen elektrischen Leitfähigkeiten von Polycaprolactamlösungen in Mischungen aus 70-, 85- und 98%iger Ameisensäure mit konz. Schwefelsäure nehmen bei niedrigen H_2SO_4-Gehalten linear mit der Polymerkonzentration ab (vgl. Bild 4). Mit steigendem Schwefelsäuregehalt im Lösungsmittel wird jedoch alsbald eine Zusammensetzung erreicht, von der an kein Einfluß auf die Leitfähigkeit der Lösung mehr feststellbar ist. Diese Grenzwerte liegen bei folgenden Volumenverhältnissen Ameisensäure/95,6%ige Schwefelsäure:

70%ige HCOOH — 100:20 ($\varkappa \sim 1200 \cdot 10^{-4}\ \Omega^{-1} \cdot \mathrm{cm}^{-1}$),

85%ige HCOOH — 100:16 ($\varkappa \sim 630 \cdot 10^{-4}\ \Omega^{-1} \cdot \mathrm{cm}^{-1}$), (Bild 4)

98%ige HCOOH — 100:15 ($\varkappa \sim 400 \cdot 10^{-4}\ \Omega^{-1} \cdot \mathrm{cm}^{-1}$).

Ein Vergleich mit den Leitfähigkeitskurven von Bild 3 läßt erkennen, daß von den gleichen Schwefel-

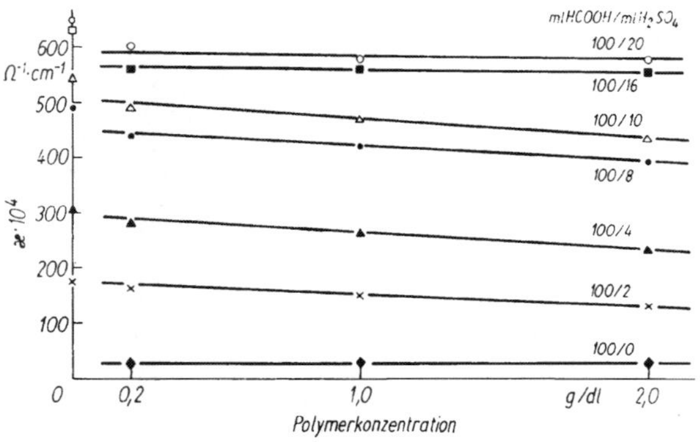

Bild 4. Veränderung der spezifischen elektrischen Leitfähigkeit von Mischungen aus 85%iger HCOOH und 95,6%iger H_2SO_4 mit der Konzentration an gelöstem Polycaprolactam bei 20 °C.

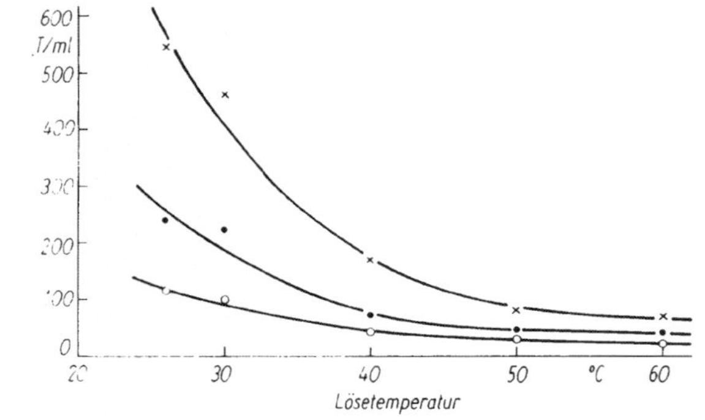

Bild 5. Abhängigkeit der Gelteilchenzahl thermooxydativ durch 7 h Erwärmen auf 193 °C an der Luft geschädigten Polycaprolactams von der Lösetemperatur

(1%ige Lösungen in $HCOOH/H_2SO_4$, Lösedauer 90 min)
TuR ZG 2; Geräteeinstellungen:
× $IS = 10$; $DS = 3$; $iS = 2^{-1}$
• $IS = 10$; $DS = 3$; $iS = 2^{-2}$
∘ $IS = 10$; $DS = 3$; $iS = 2^{-3}$
Kapillare 140 µm

säuregehalten an ein weiterer Elektrolytzusatz keine Erhöhung der Leitfähigkeit des reinen Lösungsmittelgemisches mehr bewirkt. Wahrscheinlich liegt alle darüber hinaus zugesetzte Schwefelsäure undissoziiert vor. In schwefelsäurefreien Polycaprolactamlösungen in 85%iger Ameisensäure war keinerlei Einfluß der Polymerkonzentration auf die Leitfähigkeit der Lösung erkennbar (Bild 4). Offenbar wird bei der Solvatation der Polyamidmolekel im Mischlösungsmittel bevorzugt Schwefelsäure verbraucht, so daß immer dann, wenn das Lösungsmittel keine undissoziierte H_2SO_4 mehr nachliefern kann, mit wachsender Polycaprolactamkonzentration ein Leitfähigkeitsabfall eintritt.

Der durch 1 g gelöstes Polymeres bewirkte Leitfähigkeitsabfall (vgl. Bild 4) entspricht, wie aus einem Vergleich mit den Leitfähigkeitskurven der Mischlösungsmittel mit unterschiedlichen Schwefelsäurekonzentrationen hervorgeht (Bild 3), jeweils einem Entzug von ca. 0,45 ml Schwefelsäure. Nimmt man an, daß durch Protonierung der Carbonamidbindungen ein Proton pro Monomereneinheit gebunden wird, so errechnet sich ein Verbrauch von 0,90 g bzw. 0,49 ml 95,6%iger H_2SO_4. Entsprechende Meßreihen an Caprolactamlösungen in Ameisensäure/Schwefelsäure-Mischungen lieferten analoge Ergebnisse und stützen unsere Annahme über die selektive Assoziation des Polyamids mit dem einen Lösungsmittelpartner.

Der Titandioxydgehalt mattierter Polycaprolactamproben hat keinen Einfluß auf die Leitfähigkeitscharakteristik der Polymerlösungen.

4. *Teilchenbestimmung in Polycaprolactamlösungen*

4.1. *Einflußgrößen*

Zur Teilchenbestimmung in Polycaprolactamlösungen verwendeten wir vorwiegend das Mischlösungsmittel 85%ige Ameisensäure (100)/95,6%ige Schwefelsäure (8) (V/V)[3]. Wie wir bereits früher mitgeteilt haben, verringert sich darin bei Untersuchung thermooxydativ geschädigter Materialien insbesondere die Zahl der kleineren Gelteilchen mit der Standzeit [9]. Weiterhin ist die Lösetemperatur von entscheidender Bedeutung für das Meßergebnis: Mit steigender Temperatur nimmt die Zahl der Gelteilchen deutlich ab (Bild 5). Diese Teilchenzahlverringerungen treten jedoch nur bei geschädigten Polymeren auf; unverzweigte, ungeschädigte Polycaprolactamproben weisen keine Veränderungen der Meßwerte aus.

Die Gelteilchenzahl thermooxydierten Polycaprolactams steigt linear mit der Polymerkonzentration (Bild 6), so daß je nach Zahl und Art der zu analysierenden Teilchen die Meßgenauigkeit innerhalb gewisser Grenzen auch durch Variation der Konzentration der Meßlösung beeinflußbar ist. Von entscheidender Bedeutung für das Meßergebnis ist dabei die Aufbereitung der Proben. Löst man thermooxydierte Polycaprolactamschnitzel ohne weitere Vorbehandlung, so werden wesentlich kleinere Teilchenzahlen als nach vorangehender Zerkleinerung der geschädigten Materialien registriert (Bild 6). Möglicherweise werden durch den intensiven Mahlprozeß auch größere Gelpartikel des geschädigten Materials zerkleinert, so daß sich die

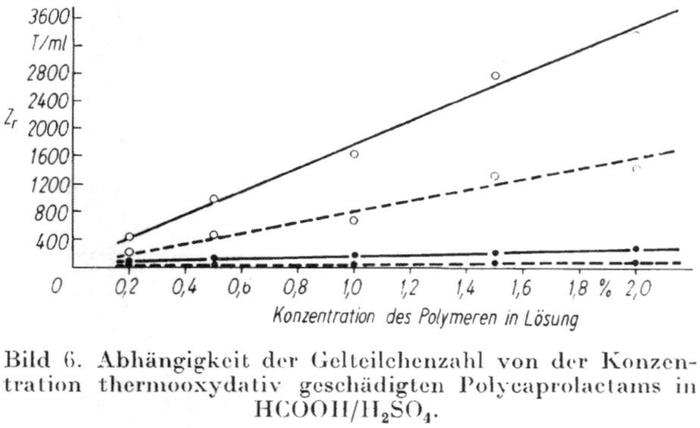

Bild 6. Abhängigkeit der Gelteilchenzahl von der Konzentration thermooxydativ geschädigten Polycaprolactams in $HCOOH/H_2SO_4$.

Schädigungsdauer (bei 200 °C in Luft):
∘ 7 h • ungeschädigt
—— Proben zerkleinert - - - - Proben unzerkleinert
Celloscope; Geräteeinstellungen: $IS = 10$; $DS = 0$
Kapillare 140 µm

[3]) Abkürzung: $HCOOH/H_2SO_4$

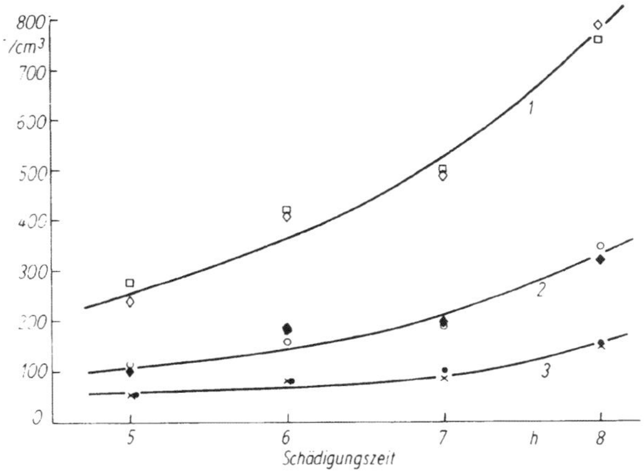

Bild 7. Einfluß des Zentrifugierens (10 min bei 1300 min^{-1}) auf den Gelteilchengehalt 1%iger Lösungen thermooxydativ bei 193 °C in Luft geschädigten Polycaprolactams in HCOOH/H_2SO_4.

○ × □ vor dem Zentrifugieren
◆ • ◇ nach dem Zentrifugieren

TuR ZG 2; Geräteeinstellungen:
1 $IS = 10$; $DS = 3$; $iS = 2^{-1}$
2 $IS = 10$; $DS = 3$; $iS = 2^{-2}$
3 $IS = 10$; $DS = 3$; $iS = 2^{-3}$
Kapillare: 140 µm

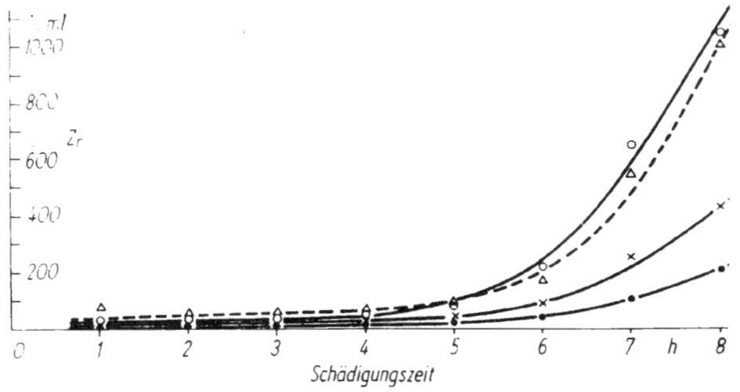

Bild 8. Gelteilchengehalt 1%iger Lösungen thermooxydativ bei 193 °C in Luft geschädigter Polycaprolactame in HCOOH/H_2SO_4.

• TuR ZG 2. $IS = 10$; $DS = 3$; $iS = 2^{-3}$
× TuR ZG 2. $IS = 10$, $DS = 3$; $iS = 2^{-2}$
○ TuR ZG 2. $IS = 10$; $DS = 3$; $iS = 2^{-1}$
△ Celloscope $IS = 10$; $DS = 0$
Kapillare 140 µm

Gesamtteilchenzahl erhöht. Diese Hypothese bedarf jedoch noch der Bestätigung durch die Bestimmung der Größenverteilung der bei beiden Probenarten registrierten Gelteilchen.

Feststoffpartikel können von der gelteilchenhaltigen Polymerlösung mittels einfachen Zentrifugierens abgetrennt werden (Bild 7). Bei der Gelteilchenzählung in feststofffreien Polymerlösungen ist es deshalb auch nicht notwendig, die Meßlösung zu rühren.

4.2. *Arbeitsvorschrift*

Das Lösungsmittelgemisch aus 85%iger HCOOH (100)/95,6%iger H_2SO_4 (8) (V/V) wird zunächst durch mehrfache Druckfiltration über G-5-Fritten auf niedrige Blindwerte gebracht. Anschließend werden 0,5 g des Polycaprolactammaterials in 50 ml Lösungsmittelgemisch 90 min bei 20 °C ± 1 grd unter Schütteln gelöst. Nach ggf. notwendiger Abtrennung von Feststoffpartikeln mittels Zentrifugieren werden die Lösungen 15 min durch Stehenlassen entlüftet und dann vermessen. Enthält die Lösung nicht quellbare Teilchen, so ist während der Messung unbedingt mit einem Magnetanker und konstanter Geschwindigkeit (ca. 350 min^{-1}) zu rühren. Düsendurchmesser und Geräteeinstellwerte sind dem jeweiligen Analysenproblem anzupassen und in Vorversuchen zu ermitteln. Vergleichbare Ergebnisse können im allgemeinen nur von gleichartig dimensionierten Polymerkörpern erhalten werden.

Für den Einsatz der Meßgeräte in aggressiven Medien machte sich ein Austausch der Teile erforderlich, deren Resistenz gegenüber dem Lösungsmittel unbefriedigend war. Beim Celloscope betraf das in erster Linie die Schlauchverbindungen und beim ZG 2 alle aus Polymethacrylsäuremethylester gefertigten Teile. Diese konnten durch entsprechende Materialien aus Polytetrafluoräthylen, Polyvinylchlorid oder Polyäthylen ersetzt werden. Auch der für das Einkitten der Düsensteine verwendete Epoxidharzkleber ist in HCOOH/H_2SO_4 nicht beständig. Wir benutzten dafür Wasserglas oder den Spezialkleber PCD 13 (VEB Farbenfabrik Wolfen).

Die uns zur Verfügung stehenden Meßgeräte Celloscope und Granulometer TuR ZG 2 lieferten ähnliche Meßergebnisse, die zu prinzipiell gleichartigem Kurvenverlauf führen; Unterschiede sind lediglich in der Empfindlichkeit erkennbar (vgl. Bild 8).

4.3. *Ermittlung der Größenverteilung* [31]

Für die Bestimmung der Größenverteilung einer Mikrokörnung sind verschiedene Eichverfahren der Zählvorrichtung bekannt (vgl. [31] und dort zitierte Literatur). Diese Methoden haben meist den Nachteil, daß unzureichende Kenntnis der Größenverteilung der notwendigerweise einzusetzenden Eichkörnung und meßmethodische Probleme die Eichwerte mit Fehlern belasten [31].

Nach einem Vorschlag von *Heidenreich* kann jedoch mit dem Granulometer TuR ZG 2 eine direkte Bestimmung der Größenverteilung erfolgen, durch die o. g. Fehlerquellen eliminiert werden [31]. Diese Auswertung gilt streng genommen nur für unporöse nichtleitende Feststoffpartikel. Die mit Lösungsmittel durchtränkten Gelteilchen verfügen jedoch über eine Grundleitfähigkeit; die Teilchendurchmesser d in Bild 10 entsprechen daher den Durchmessern von nichtleitenden Feststoffpartikeln, die im Meßergebnis den gequollenen Gelteilchen äquivalent sind. Diese Werte können als *relative* Meßgrößen zur Charakterisierung gelhaltiger Polyamidmaterialien dienen.

Voraussetzung für die Aufnahme einer Verteilungskurve ist die Konstanz der sog. Kenngröße $\varepsilon = \frac{i}{d_A^4 \cdot \varkappa_L \cdot \Delta U_D}$ (7,45 · 10^{-2} kΩ · SKT · µm^{-3} · V^{-1} für HCOOH/H_2SO_4 mit $d_A = 130$ µm und $iS = 2^{-1}$. Es bedeuten: i = Verstärkungsfaktor, d_A = Düsendurchmesser, $\varkappa_L$ = Leitfähigkeit des Lösungsmittels, ΔU_D = Apparatekonstante).

Zur Bestimmung der Zahlenkennlinie thermooxydierten Polycaprolactams werden zunächst bei konstanter Stromstärke I die Teilchenzahlen Zr in Abhängigkeit von der Diskriminatorstellung DS_u registriert. Dieser Meßvorgang wird für verschiedene Werte von I wiederholt. Bei doppeltlogarithmischer Auftragung der Funktion $Zr = Zr\,(DS_u/I)$ für jeweils I = konstant resultiert eine Kurvenschar, für die die Hüllkurve (gestrichelte Kurve in Bild 9) gezeichnet wird. Der Schnittpunkt der Hüllkurve mit der Ordinate führt zur Gesamtteilchenzahl Zr_0. Entlang der Hüllkurve

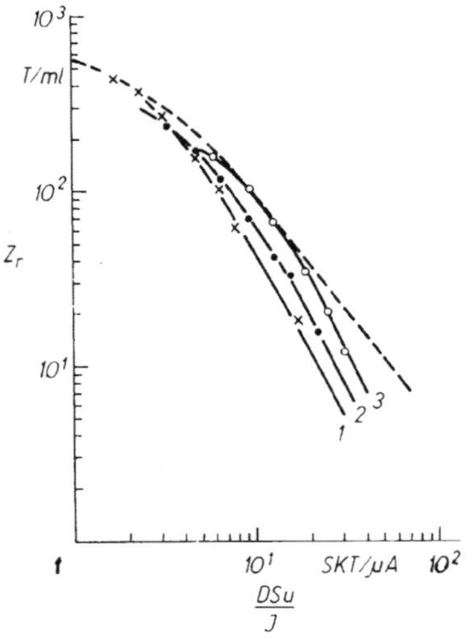

Bild 9. $Zr = Zr(DS_u/I)$ für eine 1%ige Lösung thermooxydierten Polycaprolactams (5 h bei 200 °C in Luft) in $HCOOH/H_2SO_4$. TuR ZG 2.
$d_A = 130$ µm; $iS = 2^{-1}$
1 = 1280 µA; 2 = 640 µA; 3 = 320 µA

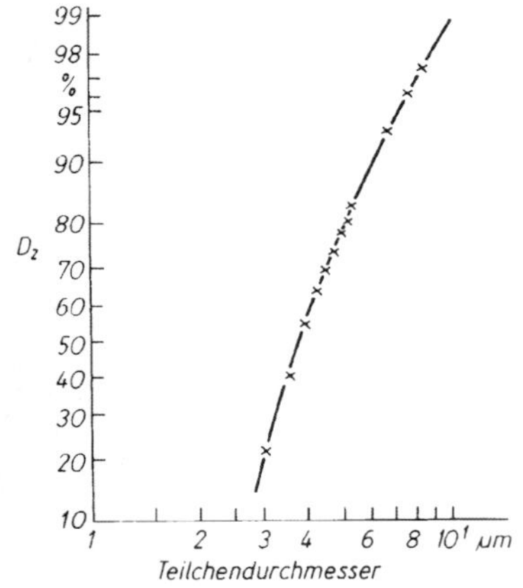

Bild 10. Zahlenkennlinie für eine 1%ige Lösung thermooxydierten Polycaprolactams (5 h bei 200 °C in Luft) in $HCOOH/H_2SO_4$. TuR ZG 2.
$d_A = 130$ µm; $iS = 2^{-1}$

werden für runde DS_u/I-Werte die entsprechenden Teilchenzahlen Zr abgelesen, deren volumenäquivalenter Kugeldurchmesser d aus dem Wert DS_u/I berechenbar ist [31]. Zr ist jeweils die Zahl von Teilchen, deren Durchmesser größer als der zum entsprechenden Geräteeinstellwert DS_u/I gehörige Wert d ist. Mit $Rz = Zr/Zr_0 \cdot 100$ und $Dz = 100 - Rz$ können somit die Ordinatenwerte der Rückstands- bzw. Durchgangs-Zahlenkennlinie ermittelt werden. Die graphische Darstellung $Dz = Dz(d)$ ergibt dann bei Auftragung im logarithmischen Wahrscheinlichkeitsnetz eine Gerade, sofern eine logarithmische Normalverteilung vorliegt.

Die Zahlenkennlinie einer Probe thermooxydierten Polycaprolactams ist in Bild 10 dargestellt.

Unter der Voraussetzung, daß die Äquivalenz von Gelteilchenvolumen einerseits und als Meßgröße registriertem volumenäquivalentem Kugeldurchmesser ho-

Tabelle 1. Fehlerbetrachtung zur Gelteilchenbestimmung in 1%igen Lösungen von Polycaprolactamen in $HCOOH/H_2SO_4$. TuR ZG 2, IS = 10, DS = 3, Kapillare 140 µm

Nr.	Probe	$\bar{x}$ $T \cdot cm^{-3}$ 2^{-1} a)	2^{-2} a)	2^{-3} a)	s $T \cdot cm^{-3}$ 2^{-1}	2^{-2}	2^{-3}	v % 2^{-1}	2^{-2}	2^{-3}	q $T \cdot cm^{-3}$ 2^{-1}	2^{-2}	2^{-3}	Bemerkung
1	Blindwert Lösungsmittel	23	11	7	3	2	2	13,2	20,0	28,6	2	2	1	b)
2	Micronic beads ∅ 20···30 µm	4496	1894	1114	141	83	59	3,1	4,4	5,3	102	60	42	b)
3	ungeschädigtes Granulat	61	28	17	11	7	3	18,2	23,5	15,3	8	5	2	b)
4	ungeschädigtes Granulat	68	39	22	9	3	4	13,3	6,6	18,7	7	2	3	c)
5	Thermooxyd. Granulat (7 h bei 200 °C in Luft)	993	418	230	44	28	16	4,4	3,6	7,0	32	20	12	c)
6	Thermooxyd. Granulat (7 h bei 200 °C in Luft)	764	339	155	128	17	22	16,8	4,9	14,3	92	12	16	b)
7	Thermooxyd. Polycaprolactam (6 h bei 270 °C 50 vpm O_2)	2586	1117	605	84	29	25	3,3	2,6	4,1	60	21	18	c)
8	Thermooxyd. Granulat (6 h bei 200 °C in Luft)	2648	1106	557	671	114	164	25,3	10,3	29,4	563	96	138	b), d)

a) Verstärkungsfaktor iS; b) Mittelwerte von 10 Einwaagen mit je 3 Einzelmessungen pro Einwaage; c) Mittelwerte aus 10 Einzelmessungen einer Einwaage; d) Lösungsmittel: 90%ige HCOOH + 1 Masse% NaCl [36]

mogener Partikel andererseits durch eine einfache Beziehung ausdrückbar ist, weist die leichte Krümmung der Kurve aus, daß hier keine ideale logarithmische Normalverteilung der Gelteilchen vorliegt.

4.4. Fehlerbetrachtung

Eine umfassende Diskussion möglicher Fehlerquellen bei der Anwendung des Impulsverfahrens wurde von *Heidenreich* geführt [31]. Wir möchten nur darauf hinweisen, daß der ausreichenden Entlüftung der Proben vor der Messung besondere Aufmerksamkeit zu schenken ist, auf die Bildung störender Gasblasen im Kathodenraum geachtet werden muß und eine staubhaltige Atmosphäre die Meßergebnisse stark beeinträchtigt. Einen Überblick über die Fehlerspanne unserer Methodik vermittelt Tabelle 1. Hier ist weiterhin eine vergleichsweise Untersuchung in einer Mischung aus 90%iger Ameisensäure und 1 Masse% NaCl als Lösungsmittel angeführt (Nr. 8), das in dem eingangs genannten Patent beschrieben wurde [36]. Ein Vergleich mit den Meßreihen Nr. 6 und 7 zeigt, daß der Variationskoeffizient in $HCOOH/H_2SO_4$ als Lösungsmittel wesentlich geringer ist, die Absolutwerte der Meßergebnisse jedoch infolge der geringeren Leitfähigkeit ($HCOOH/H_2SO_4$: $\varkappa = 465 \cdot 10^{-4}\ \Omega^{-1} \cdot cm^{-1}$; HCOOH/NaCl: $\varkappa = 810 \cdot 10^{-5}\ \Omega^{-1} \cdot cm^{-1}$, jeweils für 20 °C) in dem NaCl-haltigen Gemisch höher liegen.

Wir danken Herrn *B. Kraft* für sorgfältige experimentelle Mitarbeit.

Literatur

[1] *Puls, H. O.:* Physikalische Eigenschaften der Polyamide im Hinblick auf die Anwendungsmöglichkeiten. Chemiefasern **17** (1967) 10, S. 782—792.

[2] *Kavalerova, L. M., Petrova, N. L., Zacharov, M. I.,* und *Čekulaeva, V. A.:* Anwendung markierter Atome für die Untersuchung der kontinuierlichen Polymerisation von Caprolactam. Chim. Volokna (Chem. Fasern) (1968) 3, S. 7—8; dt. in: Sowj. Beitr. Faserforsch. Textiltechnik **5** (1968) 10, S. 515—516.

[3] *Dorfner, K.:* Die Stickstoffversorgung von Schmelzspinnanlagen. Chemiefasern **19** (1969) 2, S. 113—117.

[4] vgl. z. B. *Wilhelm, G.:* Die Abkühlung eines aus der Schmelze gesponnenen polymeren Fadens im Spinnschacht. Kolloid-Z. **208** (1966) 2, S. 97—123.

[5] vgl. z. B. *Schenkel, G.:* Ansätze zur Optimierung in der Kunststoff-Extrudertechnik. Kunststoffe **59** (1969) 1, S. 51—55, und dort zitierte Literatur.

[6] *Ongemach, G. C.,* und *Moody, A. C.:* Determination of caprolactam monomer content in nylon 6 extractables by gas chromatography. Analytic. Chem. **39** (1967) S. 1005—1006.

[7] vgl. z. B. Vorrichtung zur Überwachung des Spinnvorganges bei der Herstellung synthetischer Fasern. Farbwerke Höchst AG. DOS 1435446 vom 23. 8. 1960.

[8] *Klare, H., Fritzsche, E.,* und *Gröbe, V.:* Synthetische Fasern aus Polyamiden. Berlin: Akademie-Verlag 1963, S. 345ff.
Natus, D., und *Sauer, H.:* Beschreibung von Prüfverfahren bei der Perlonseidenherstellung. Faserforsch. u. Textiltechnik **8** (1957) S. 150—159.

[9] *Reinisch, G., Jakob, W.,* und *Jaeger, W.:* Quantitative Teilchenanalyse in Polycaprolactamlösungen. Faserforsch. u. Textiltechnik **20** (1969) 3, S. 152—154.

[10] *Reinisch, G., Jaeger, W.,* und *Ulbert, K.:* Modellversuche zum Chemismus der Photolyse und Photooxydation von Polycaprolactam. J. Polymer Sci., C: Polymer Symposia (1969) 16 (Teil 8), S. 4453—4463.
Jaeger, W.: Modelluntersuchungen zum Mechanismus des photochemischen Abbaus von Polyamiden. Dissertation Humboldt-Universität Berlin 1966.

[11] *Lánská, B.,* und *Šebenda, J.:* Photooxidation of N-butyl-caproamide. Coll. czechoslov. chem. Commun. **34** (1969) S. 1911—1928.

[12] *Valk, G., Krüssmann, H.,* und *Diehl, P.:* Über den Licht- und Hitzeabbau faseraufbauender Hochpolymerer. I. Isolierung von Monocarbonsäuren, Dicarbonsäuren und Alkylaminen aus thermooxydativ abgebautem Polycaprolactam. Makromol. Chemie **107** (1967) S. 158 bis 169.
Valk, G., Heidemann, G., Dugal, S., und *Krüssmann, H.:* Konformationsabhängigkeit der Reaktivität N-vicinaler Methylengruppen in Polyamiden. 3. Mitt. über Licht- und Hitzeabbau faseraufbauender Hochpolymerer. Angew. makromol. Chemie **10** (1970) S. 135 bis 142.
Sagar, B. F.: Autoxidation of N-Alkylamides. III. Mechanism of thermal oxidation. J. chem. Soc. B (1967) S. 1047—1061.
Schlack, P.: Oxydationserscheinungen an Polyamiden. Angew. Chemie **80** (1968) 18, S. 761.

[13] *Kamerbeek, B., Kroes, G. H.,* und *Grolle, W.:* Thermal degradation of some polyamides. SCI-Monograph **13** (1961) S. 357—391.
Potemkina, Z. I., Tokareva, L. G., Ananeva, L. I., und *Michajlov, N. V.:* Studium des Alterungsmechanismus von Polycaproamid bei der Thermooxydation. Chim. Volokna (Chem. Fasern) (1969) 1, S. 32—36; dt. in: Sowj. Beitr. Faserforsch. Textiltechnik **6** (1969) 6, S. 290—294.
Edel, G., und *Etienne, H.:* Dégradation thermique du polyamide 6—6. Bull. Inst. Textile France **23** (1969) 142, S. 343—365.

[14] *Moore, R. F.:* The photochemical degradation of polyamides and related N-alkylamides. Polymer, London **4** (1963) S. 493—513.

[15] *Benický, M.,* und *Hurt, V.:* Über den Abbau und die Alterung der Polyamidfasern. Chem. Vlakna, Svit (Chem. Fasern) **14** (1964) S. 9—14.

[16] *Reinisch, G.,* und *Jaeger, W.:* Zum Einfluß der Verstreckung auf den photochemischen Abbau von Polycaprolactam-Experimentalfäden. Faserforsch. u. Textiltechnik **19** (1968) 8, S. 363—365.
Rogovina, A. A., und *Vasilev, Ju. V.:* Der Einfluß des Luftsauerstoffs auf den Mechanismus der Ermüdungszerstörung von Kaproncord. Chim. Volokna (Chem. Fasern) (1961) 5, S. 50—54.

[17] *Harding, G. W.,* und *MacNulty, B. J.:* The embrittlement of polyamides: its mechanism and preventive treatment. SCI-Monograph **13** (1961) S. 392—412.
Michajlov, N. V., Tokareva, L. G., und *Kovaleva, M. V.:* Untersuchung des Alterungsmechanismus synthetischer Fasern. I. Untersuchung der thermischen und der thermooxydativen Einwirkung auf Polyamide und die aus ihnen hergestellten Fasern. Vysokomol. Soed. (Hochmol. Verbind.) **2** (1960) S. 581—589.
Rafikov, S. R., und *Sorokina, R. A.:* Chemische Umwandlungen von Polymeren. IV. Thermooxydative Umwandlungen von Polyamiden. Vysokomol. Soed. (Hochmol. Verbind.) **3** (1961) S. 21—29.
Valko, E. I., und *Chiklis, C. K.:* Effects of thermal exposure on the physicochemical properties of polyamides. J. appl. Polymer Sci. **9** (1965) S. 2855—2877.

[18] *Sbrolli, W.,* und *Capaccioli, T.:* Photolytischer Abbau von Polycaprolactamfasern. Ann. Chim. **53** (1963) S. 1184—1198.
Sbrolli, W., Capaccioli, T., und *Bertotti, E.:* Beitrag zur Untersuchung der Oxydation von Polycaproamid. I. Ultraviolett-Spektrophotometrie von oxydiertem Polycaproamid. Chim. Ind., Milano **42** (1960) S. 357 bis 363.

[19] *Sbrolli, W.,* und *Capaccioli, T.:* Beitrag zur Untersuchung der Oxydation von Polycaproamid. II. Oxydation, Abbau, Vernetzung. Chim. Ind., Milano **42** (1960) S. 1325—1332.

[20] *Rafikov, S. R.,* und *Sorokina, R. A.:* Chemische Umwandlungen von Polymeren. III. Der thermische Abbau der Polyamide. Vysokomol. Soed. (Hochmol. Verbind.) **1** (1959) 4, S. 549—557.

[21] *Sommer, H.*, und *Winkler, F.*: Prüfung der Gebrauchseigenschaften und des Gebrauchswertes von textilen Erzeugnissen in: Handbuch der Werkstoffprüfung Bd. 5. Berlin/Göttingen/Heidelberg: Springer 1960, S. 1266ff., 1312ff.

[22] vgl. z. B. *Marek, B.*, und *Lerch, E.*: Photodegradation and yellowing of polyamides. J. Soc. Dyers Colourists **81** (1965) S. 481—487.
Praeger, K.: Verfahren zur Bestimmung des Grades der Sauerstoffschädigung von Polyamid. DWP 62184.

[23] *Schard, M. P.*, und *Russel, C. A.*: Oxyluminescence of polymers. I. General behavior of polymers. II. Effect of temperature and antioxidants. J. appl. Polymer Sci. **8** (1964) S. 985—995; 997—1006.
Mel'nik, T. S., Petrosjuk, I. I., und *Tret'jakov, Ju. P.*: Charakterisierung des Oxydationsgrades von Polycaprolactam mit Hilfe der Lumineszenzmethode. Chim. Volokna (Chem. Fasern) (1968) 3, S. 8—9; dt. in: Sowj. Beitr. Faserforsch. Textiltechnik **5** (1968) 10, S. 516 bis 518.

[24] *Koršak, V. V., Slonimskij, G. L.*, und *Krongauz, E. S.*: Heterokettenpolyamide. VII. Über den thermischen Abbau von Polyhexamethylenadipamid. Nachr. Akad. Wiss. UdSSR, Abt. chem. Wiss. (1958) S. 221—226.
Schwemmer, M.: Über den photochemischen Abbau von Polyamidfasern. Textil-Rdsch., St. Gallen **11** (1956) S. 1—15; 70—82; 131—136.
Förster, Th., Bachmaier, F., Muszik, J. A., und *Seidel, H. P.*: Untersuchungen zur Frage der Lichtschädigung von Polyamiden. Korrosion **16** (1964) S. 11—12.

[25] *Stephenson, C. V.*, und *Wilcox, W. S.*: Ultraviolet irradiation of plastics. IV. Further studies of environmental effects of films and fibers. J. Polymer Sci., A-1: Polymer Chem. (1963) S. 2741—2752.
Stephenson, C. V., Moses, B. C., Burks jr., R. E., Coburn jr., W. C., und *Wilcox, W. S.*: Ultraviolet irradiation of plastics. II. Crosslinking and scission. J. Polymer Sci. **55** (1961) S. 465—475.
Rafikov, S. R., und *Tsi-Pin, S.*: Chemische Umwandlung von Polymeren. V. Photochemische Umwandlung von Polycaproamid im Vakuum unter dem Einfluß von UV-Licht. Vysokomol. Soed. (Hochmol. Verbind.) **3** (1961) S. 56—65.
Rafikov, S. R., und *Tsi-Pin, S.*: Chemische Umwandlungen von Polymeren. VI. Einwirkung von UV-Strahlung auf Polyamide in Gegenwart von Sauerstoff und Wasserdampf. Vysokomol. Soed. (Hochmol. Verbind.) **4** (1962) S. 851—859.
Rafikov, S. R., Čelnokova, G. N., und *Sorokina, R. A.*: Chemische Umwandlungen von Polymeren. VIII. Abbau von Polyhexamethylenadipamid bei hohen Temperaturen. Vysokomol. Soed. (Hochmol. Verbind.) **4** (1962) S. 1639—1646.

[26] *Kratochvil, P.*: Über die Anwendung der Lichtstreuungsmethode zum Studium der Alterung von Polymeren. Kolloid-Z. **198** (1964) S. 95—96.
Kratochvil. P.: On the structure and properties of vinyl polymers and their models. V. Analysis of the angular dependence of the intensity of light scattered by solutions of polyvinyl chloride samples containing microgels. Coll. czechoslov. chem. Commun. **30** (1965) S. 1119—1128.

[27] *Fendler, H. G.*, und *Stuart, H. C.*: Zur Molekulargewichtsbestimmung an Polyamiden durch Lichtzerstreuungsmessungen. Makromol. Chemie **25** (1958) S. 159—175.

[28] *Kellis, D. I. C., Koike, M.*, und *Guilett, J. E.*: Direct determination of crosslinking and chain scission in polymers. J. Polymer Sci., A-1: Polymer Chem. **6** (1968) S. 595—601.

[29] *Burke, J. J.*, und *Orofino, T. A.*: Nylon 66 polymers. I. Molecular weight and compositional distribution. J. Polymer Sci., A-2: Polymer Physics **7** (1969) S. 1—25.

[30] *Coulter, W. H.*: High speed automatic blood cell counter and cell size analyzer. Vortrag auf der National Electronics Conf., Chicago 1956. Vgl. z. B. auch [31].

[31] *Heidenreich, E.*: Zur Messung der Anzahl und Größe kleiner Feststoffteilchen im Subsiebbereich. Wiss. Z. TU Dresden **14** (1965) S. 1255—1264.
Heidenreich, E.: Ein Beitrag zur Analyse von Mikrokörnungen. Firmenschrift des VEB Transformatoren- und Röntgenwerk Dresden 1967.

[32] *Princen, L. H.*: Particle size analysis of coating materials with the coulter counter. Appl. Polymer Symposia **10** (1969) S. 159—176.

[33] *Treiber, E.*: Zur Kennzeichnung von Viskoselösungen. Die Bestimmung von Gelpartikeln in Viskose. Svensk Papperstidn. **61** (1958) S. 794—802.
Philipp, B., und *Schleicher, H.*: Zur Prüffiltration und Teilchenzählung in Viskosespinnlösungen. Faserforsch. u. Textiltechnik **15** (1964) S. 451—457; vgl. auch dort zitierte Literatur über Teilchenzählung in Viskoselösungen.

[34] *Philipp, B., Lehmann, R.*, und *Zibell, W.*: Zur Verarbeitbarkeitsprüfung von Acrylnitrilpolymerisaten durch konduktometrische Teilchenzählung. Faserforsch. u. Textiltechnik **16** (1965) S. 577—582.

[35] *Franz, J., Weissmann, L.*, und *Schröder, E.*: Zur Gelteilchenbestimmung in PVC-Lösungen. Plaste u. Kautschuk **14** (1967) S. 249—250.

[36] Improved quality yarn from gel-containing polyamide. E.I. Du Pont de Nemours Co. GBP 1039056 v. 16. 3. 1965.

[37] *Bennewitz, R.*: Viskosimetrische Bestimmung des Polymerisationsgrades von Perlon in konzentrierter Ameisensäure. Faserforsch. u. Textiltechnik **5** (1954) S. 155 bis 158.

[38] *Mattiussi, A., Gechele, G. B.*, und *Francesconi, R.*: Polyamides in solution. III. Viscometry of linear polycaprolactam. J. Polymer Sci., A-2: Polymer Physics **7** (1969) S. 411—422.

[39] *Schaefgen, J. R.*, und *Trivisonno, C. F.*: Polyelectrolyte behavior of polyamides. I. Viscosities of solutions of linear polyamides in formic acid and in sulfuric acid. J. amer. chem. Soc. **73** (1951) S. 4580—4585.

[40] *Quadrat, O.*, und *Bohdanecky, M.*: On the structure and properties of polyamides. XIV. Intrinsic viscosity and polyelectrolyte expansion of poly-ε-caprolactam molecules in formic acid. Coll. czechoslov. chem. Commun. **29** (1964) S. 2449—2467.

[41] *Tuzar, Z.*, und *Kratochvil. P.*: Some notes to the light-scattering study of solutions of polyamides in formic acid and sulphuric acid. Coll. czechoslov. chem. Commun. **32** (1967) S. 2255—2263.

Eingegangen am 15. Juni 1970

Faserforschung und Textiltechnik 21 (1970) Heft 12

Synthese von Pfropfcopolymeren auf Polyvinylacetat und Polyvinylacetatfasern

Sami Abdel Monem El-Garf

University of Alexandria, Faculty of Engineering, Chemical Engineering Department

DK 678.7—137.453.2:677.494.744.422:677.862.25:542.941/.943

Zur Modifizierung der Eigenschaften des Polyvinylacetats (PVAc) wurden Pfropfcopolymere mit Acrylnitril als zweiter Komponente gebildet. Die Initiierung der Pfropfpolymerisation erfolgte mit einem Redoxsystem, als Oxydationsmittel wurden Ce^{4+}-Salze verwendet. Die Pfropfpolymerisation erfolgte auf partiell verseiftes PVAc in Form von Granulaten bzw. Fasern. Der Einfluß des Verseifungsgrades und der Reaktionsdauer auf die Eigenschaften des Pfropfcopolymeren, insbesondere der gepfropften Fasern, wurde ermittelt.

Синтез привитых сополимеров поливинилацетата и волокон на его основе

С целью модифицирования свойств поливинилацетата (ПВА) синтезировались привитые сополимеры с акрилонитрилом. Для инициирования процесса привитой сополимеризации применялась восстановительно-окислительная система на основе солей четырехвалентного церия. Исходным материалом служил частично омыленный ПВА в виде гранулята или волокон. Было изучено влияние степени омыления и продолжительности прививки на свойства привитого сополимера, особенно при прививке на волокна.

Synthesis of Graft Copolymers of Polyvinylacetate and Polyvinylacetate Fibres

Polyvinylacetate was grafted with acrylonitrile in order to modify the properties of the polymer. The graft copolymerisation, initiated by a redox system using Ce^{4+} salts as oxydation agents, was performed with partially saponified PVAc granulate or fibres. The effect of the degree of saponification and the reaction time on the properties of the graft copolymers obtained, particularly on the properties of the fibres, was determined.

1. *Einleitung*

Die Synthese der Pfropfcopolymeren dient zur Modifizierung der Eigenschaften des Polyvinylacetats (PVAc). Bekanntlich besitzt PVAc eine niedrige Glasumwandlungstemperatur (T_g), einen niedrigen Erweichungspunkt und ist thermisch instabil. Um diese Eigenschaften zu verbessern, muß bei der Pfropfpolymerisation die zweite Komponente so gewählt werden, daß im Gegensatz zum PVAc eine gute Wärmebeständigkeit, ein höherer Schmelzpunkt und höhere T_g erzielt werden. Ein geeignetes Monomeres ist Acrylnitril, da Polyacrylnitril eine hohe T_g und gute Wärmebeständigkeit besitzt.

Die Initiierung der Pfropfpolymerisation erfolgt mit einem Redoxsystem. Als Oxydationsmittel werden Ce(IV)-Salze bzw. Ammoniumcersulfat verwendet. Durch partielle Verseifung des PVAc in geringer Zahl gebildete Hydroxylgruppen werden durch die Ce(IV)-Salze oxydiert. Die Oxydation verläuft über freie Radikale. Diese Makroradikale aktivieren die Pfropfpolymerisation.

Mino und *Kaisermann* [1] haben die Synthese von Pfropfcopolymeren unter Verwendung von Ce(IV)-Salzen erstmalig vorgeschlagen. Der Mechanismus der Reaktion wurde von vielen Autoren beschrieben. Als Reduktionsmittel werden sowohl die Hydroxylgruppe [2 bis 4] als auch die Aldehydgruppe [5] benutzt.

Die Homopolymerisation der Monomeren besitzt eine Induktionsperiode, die Pfropfpolymerisation erfolgt dagegen ohne Induktionsperiode. Führt man die Pfropfpolymerisation während dieser Induktionszeit durch, so entstehen reine Pfropfpolymerisate ohne Beimengung von Homopolymeren. Die Länge der Induktionsperiode ist von mehreren Faktoren abhängig und schwankt zwischen 1 und 4 h [6]. Sie ist unabhängig von der Konzentration des Ce(IV)-Salzes. Eine Erhöhung der Monomerkonzentration und der Reaktionstemperatur setzen die Induktionszeit herab.

2. *Synthese der Pfropfpolymeren*

2.1. *Pfropfpolymerisation von Acrylnitril auf verseiftes Polyvinylacetat*

PVAc wurde in heterogener Phase verseift. Der Verseifungsgrad des verwendeten Polymeren betrug 11%, die Induktionsperiode der Homopolymerisation 100 min. Die Dauer der Pfropfpolymerisation wurde zwischen 10 und 60 min variiert. Die Resultate sind in der Tabelle 1 aufgeführt. Der Acrylnitrilgehalt der Pfropfcopolymeren beträgt 0,46% (nach 10 min) bis 6,1% (nach 60 min), er steigt anfangs (10 bis 40 min) langsam, nach 40 bis 60 min schneller an.

Von Interesse ist auch das Verhalten von PVAc-Proben, die im homogenen Medium verseift wurden. Der Verseifungsgrad betrug 18%. Die Resultate sind in der Tabelle 2 aufgeführt. Der Acrylnitrilgehalt im

Tabelle 1. Abhängigkeit des Umsatzes von der Reaktionszeit¹) bei der Pfropfpolymerisation auf in heterogener Phase verseiftes PVAc

	Reaktionszeit in min					
	10	20	30	40	50	60
% N im Polymeren	0,12	0,21	0,34	0,54	1,16	1,61
% Acrylnitril im Pfropfcopolymeren²)	0,46	0,80	1,3	2,1	4,2	6,1

¹) Ce^{4+}-Konzentration: 0,1 mol/l in 1 n H_2SO_4
²) berechnet aus dem Stickstoffgehalt

Tabelle 2. Abhängigkeit des Umsatzes von der Reaktionszeit bei der Pfropfpolymerisation auf in homogenem Medium verseiftes PVAc

	Reaktionszeit in min					
	10	20	30	40	50	60
% N in Polymeren	0	0,05	0,12	0,106	0,197	0,27
% Acrylnitril im Pfropfcopolymeren¹)	0	0,19	0,46	0,40	0,75	1,02

¹) Umsatz, berechnet aus N-Analyse

Tabelle 3. Abhängigkeit des Umsatzes von der Reaktionszeit bei der Pfropfpolymerisation auf PVAc-Faserstoffe mit Verseifungsgrad von 4%

	Reaktionszeit in min					
	10	20	30	40	50	60
% N im Polymeren	0	0	0,11	0,154	0,242	0,472
% Acrylnitril im Pfropfcopolymeren[1])	0	0	0,42	0,58	0,92	1,79
% Umsatz[2])	0,4	0,4	0,6	0,64	1,0	2,0

[1]) berechnet aus N-Analyse
[2]) berechnet aus der Massezunahme

Pfropfcopolymeren ist sehr gering. Nach 10 min hat noch keine meßbare Reaktion stattgefunden. Nur bei längerer Reaktionsdauer steigt der Acrylnitrilgehalt im Polymeren langsam an und erreicht nach 60 min einen Wert von 1%.

2.2. *Pfropfpolymerisation von Acrylnitril auf Polyvinylacetatfaserstoffe*

Die verwendeten Polyvinylacetatfasern besaßen Verseifungsgrade von 4% (Tabelle 3) und 40% (Tabelle 4). Wie aus der Tabelle 3 zu ersehen ist, wird bei einem Verseifungsgrad von 4% nur ein Pfropfcopolymeres mit ungenügendem Acrylnitrilgehalt erhalten. Bei Verwendung von PVAc mit einem Verseifungsgrad von 4% kann eine längere Induktionsperiode der Homopolymerisation erzielt werden.

Im Gegensatz dazu vergrößert eine hohe Hydroxylgruppenkonzentration im PVAc die Geschwindigkeit der Pfropfpolymerisation *und* die Möglichkeit der Bildung von Homopolymeren. Aus diesem Grunde wird die Pfropfung auf PVAc mit einem Verseifungsgrad von 40% in maximal 20 min durchgeführt. Die Ergebnisse sind in der Tabelle 4 enthalten. Wie aus der Tabelle ersichtlich ist, wird aus PVAc mit einem Verseifungsgrad von 40% in 20 min Reaktionsdauer ein Pfropfcopolymeres mit einem Acrylnitrilgehalt von höchstens 10% erhalten. Da mehr als 10% Acrylnitril im Pfropfcopolymeren erforderlich sind, muß die Pfropfungsreaktion zweimal durchgeführt werden, um einen Gehalt von 14% Acrylnitril im Polymeren zu erhalten.

Tabelle 4. Abhängigkeit des Umsatzes von der Reaktionszeit bei der Pfropfpolymerisation auf PVAc-Faserstoffe mit Verseifungsgrad von 40%

	Reaktionszeit in min			
	8	13	16	20
% N im Polymeren	0,09	1,35	2,35	2,45
% Acrylnitril im Pfropfcopolymeren[1])	0,34	5,11	8,9	9,3
% Umsatz[2])	0,9	7	9,17	10

[1]) berechnet aus N-Analyse
[2]) berechnet aus der Massezunahme

Tabelle 5. Löslichkeit von gepfropften PVAc-Faserstoffen

Konzentration der Lösungsmittel im Gemisch in %			Löslichkeit des Pfropfcopolymeren in %
Dimethylformamid	Aceton	Wasser	
100	—	—	48
90	—	10	40
50	—	50	11
—	50	50	45
50	50	—	65
90	10	—	48

Das Pfropfcopolymere enthält 5% Acrylnitril

3. *Bestimmung einiger Eigenschaften der Pfropfcopolymeren*

3.1. *Löslichkeit*

Die Löslichkeit von partiell verseiften PVAc-Faserstoffen mit einem Verseifungsgrad von 40% beträgt in Dimethylformamid 59%, in konzentrierter Natriumrhodanidlösung (50%) 22%. Die Löslichkeit wurde nach 4 h Erhitzen auf 100°C bestimmt.

Zur Bestimmung der Löslichkeit von gepfropften PVAc-Faserstoffen wurden verschiedene Lösungsmittelgemische verwendet. Jedes Lösungsmittel für sich löst eines der beiden Polymeren, aus denen das Pfropfcopolymere besteht. Dimethylformamid ist ein Lösungsmittel für PVAc und Polyacrylnitril, Aceton für PVAc und Wasser für Polyvinylalkohol. Die Ergebnisse sind in der Tabelle 5 aufgeführt.

Aus dieser Tabelle geht hervor, daß die Löslichkeit der Pfropfcopolymeren bedeutend niedriger ist als die Löslichkeit der verseiften PVAc-Faserstoffe. Die verseifte PVAc-Faser ist in Dimethylformamid vollständig, das gepfropfte PVAc nur partiell löslich (48%). Obwohl Wasser die Hydroxylgruppen im Pfropfcopolymeren hydratisiert, ist die Löslichkeit des Polymeren im Gemisch Dimethylformamid/Wasser um so geringer, je mehr Wasser zum Dimethylformamid hinzugefügt wird. Bemerkenswert ist, daß ein Gemisch aus Aceton und Dimethylformamid (1 : 1) ein größeres Lösevermögen besitzt, als Dimethylformamid allein. Ein Aceton/Wasser-Gemisch hat ein relativ größeres Lösevermögen als ein Gemisch aus Wasser und Dimethylformamid.

PVAc-Faserstoffe mit einem Verseifungsgrad von 40% verlieren in siedendem Wasser in 10 min die charakteristische Faserstruktur; sie lösen sich bis zu 90% in Wasser. Bei gleicher Behandlung behalten PVAc-Pfropfcopolymerfaserstoffe mit einem Acrylnitrilgehalt von 10% ihre Faserstruktur, schrumpfen jedoch etwas; die Löslichkeit beträgt 24%.

3.2. *Thermomechanische Eigenschaften der Faserstoffe*

Die Messung der mechanischen Eigenschaften der Faserstoffe erfolgte nach der Methode von *Vasil'ev* und *Rogovin* [7]. Mit dieser Methode kann die Deformation der Faserstoffe unter einer Belastung, die 10% der Reißlänge entspricht, bei steigender Temperatur gemessen werden. Die Geschwindigkeit des Temperaturanstieges beträgt 5 grd/min.

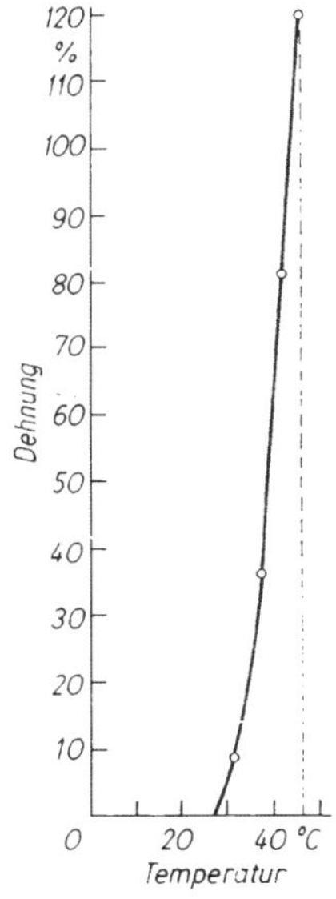

Bild 1. Thermomechanische Eigenschaften von PVAC-Faserstoffen
(Belastung: 10% der Reißlängenlast)

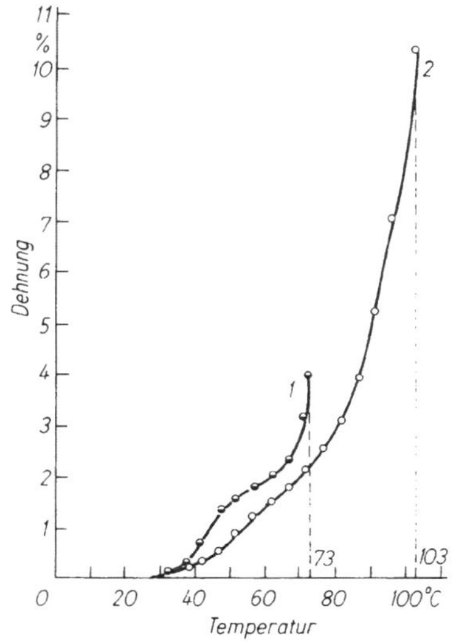

Bild 2. Thermomechanische Eigenschaften der Faserstoffe
1. Verseiftes Polyvinylacetat (Verseifungsgrad 40%)
2. Pfropfcopolymeres (14% Acrylnitril im Polymeren)
(Belastung für beide Faserstoffe: 10% der Reißlängenlast)

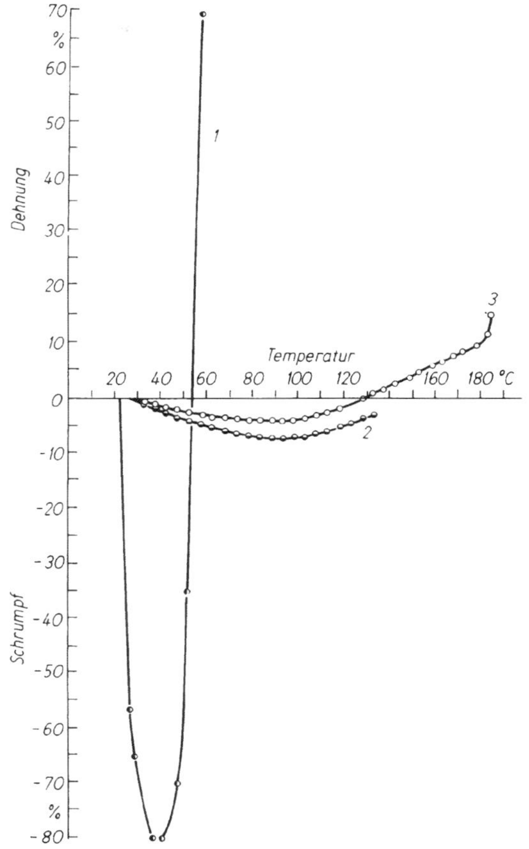

Bild 3. Thermomechanische Eigenschaften der Faserstoffe
1. Polyvinylacetat
2. Verseiftes Polyvinylacetat (Verseifungsgrad 40%)
3. Pfropfcopolymeres (14% Acrylnitril im Polymeren)
(Belastung für alle Faserstoffe: 1,4% der Reißlängenlast)

Zum Vergleich wurden die thermomechanischen Eigenschaften von PVAc (Verseifungsgrad 40%), PVAc-Faserstoffen und von Pfropfcopolymeren des Acrylnitrils auf PVAc (Verseifungsgrad 40%) mit einem Acrylnitrilgehalt von 14% untersucht. Die Ergebnisse sind in den Bildern 1 und 2 dargestellt. Aus Bild 1 ist ersichtlich, daß bei 28 °C eine starke Zunahme der Dehnung der PVAc-Faserstoffe einsetzt. Die Null-Festigkeitstemperatur, das ist die Temperatur, bei der die Faser reißt, ist 45 °C. Die verseiften PVAc-Faserstoffe, die man als ein Copolymeres ansehen kann, haben andere Eigenschaften. Durch das Vorhandensein der Hydroxylgruppen wird die Wechselwirkung zwischen den Makromolekülen stärker. So hat das Copolymere eine höhere Null-Festigkeitstemperatur (73 °C). In Pfropfcopolymeren von Acrylnitril auf verseiftem PVAc (14% Acrylnitril im Polymeren) erhöht sich die Null-Festigkeitstemperatur auf 103 °C, d. h., die Anwesenheit von 14% Acrylnitril bewirkt einen Anstieg der Null-Festigkeitstemperatur um 30 grd.

Bei einer Belastung mit 1,4% der Reißlast besitzen die vorgenannten Faserstoffe die in Bild 3 dargestellten thermomechanischen Eigenschaften. Die PVAc-Faserstoffe schrumpfen zunehmend mit der Temperatur und erreichen bei 40 °C einen maximalen Schrumpf von 80%. Danach beginnt die Faser sich wieder zu dehnen und reißt schließlich bei 58 °C und einer maximalen Dehnung von 70%.

Verseifte PVAc-Faserstoffe (Verseifungsgrad 40%) und die Pfropfcopolymeren mit 14% Acrylnitril besitzen einen geringeren Schrumpf. Der maximale Schrumpf des verseiften Polymeren liegt bei 7,5% (bei 90 bis 100 °C). Danach beginnt die Faser sich langsam zu dehnen und erreicht bei 130 °C einen Schrumpf von 4%. Für das Pfropfcopolymere wurde bei 90 bis 100 °C ein Schrumpf von 4% gemessen, gefolgt von einer Zunahme der Dehnung bei steigender Temperatur. Bei 130 °C wurde keine Deformation der Faser beobachtet. Eine verstärkte Dehnung setzt bei 185 °C ein. Die Faser besitzt eine Enddehnung von 15%.

4. *Experimentelles*

4.1. *Heterogene Verseifung in wäßrigem Medium*

12,5 g PVAc werden mit 150 g Natriumsulfat und 50 g Natriumhydroxid in 420,5 ml Wasser 3 h unter Rückfluß erhitzt. Danach wird das PVAc abfiltriert, gut gewaschen, getrocknet und der Verseifungsgrad bestimmt. Er beträgt 11%. Das so verseifte Polymere ist unlöslich in Dimethylformamid, wahrscheinlich infolge intramolekularer Umsetzungen im Polymeren. Diese Annahme wird gestützt durch die Tatsache, daß in Polyvinylalkohol bei 100 °C eine chemische Reaktion stattfindet, die durch Basen und Säuren beschleunigt wird. Bei niedrigeren Temperaturen wird PVAc nur sehr langsam verseift.

4.1.1. *Verseifung im homogenen Medium*

PVAc wird in absolutem Methanol gelöst und 0,3 Masse% (bezogen auf PVAc) NaOH in Form einer 0,05%igen Lösung in absolutem Methanol zugesetzt. Die Polymerkonzentration beträgt 12%. Die Verseifung erfolgt bei Zimmertemperatur. Nach 12 h ist ein Verseifungsgrad von 18% erreicht. Das erhaltene Polymere ist gut löslich in Dimethylformamid.

Bei Pfropfung auf verseifte Vinylacetatpolymere erhält man Pfropfcopolymere mit höchstens 1% Acrylnitrilgehalt, wahrscheinlich infolge der kleinen Oberfläche der Proben. Günstiger ist die Verwendung verseifter PVAc-Faserstoffe.

4.1.2. Verseifung von PVAc-Faserstoffen

Die Faserstoffe werden aus 20%iger Lösung in Aceton ersponnen und unmittelbar nach dem Erspinnen in einem Bad aus 20%iger methanolischer Kalilauge verseift. Bei einer Temperatur von 40°C und 13 s Verweilzeit beträgt der Verseifungsgrad 40%, bei 20°C und 7 s 4%.

4.2. Herstellung der Pfropfcopolymeren von verseiftem PVAc

Die Fasern werden als Stränge oder auf einem Glaskörper aufgewickelt eingesetzt.

Zu 1 g verseiftem PVAc gibt man bei 20°C eine Lösung von 3 ml Acrylnitril und 2 ml Ammoniumcersulfatlösung (0,1 mol Ce^{4+} in 1 n H_2SO_4) in 45 ml Wasser. Die Bestimmung der Induktionsperiode erfolgt in einem analogen Versuch ohne PVAc. Die Induktionsperiode beträgt 90 bis 105 min. Das Ende der Induktionsperiode ist an der auftretenden Trübung der Lösung durch das Polyacrylnitril zu erkennen.

Die Pfropfpolymerisation wurde innerhalb maximal 60 min durchgeführt, so daß keine Homopolymeren entstehen. Bei Pfropfung auf stärker verseiften PVAc-Proben (Verseifungsgrad 40%) betrug die maximale Reaktionszeit 20 min, da die hohe Hydroxylgruppenkonzentration die Homopolymerisation des Acrylnitrils beschleunigt. Die Induktionsperiode beträgt höchstens 25 min.

Die Fasern können aus dem Verseifungsbad direkt in das Pfropfpolymerisationsbad überführt werden.

4.3. Reinigung des Acrylnitrils

Das Acrylnitril wird nach dem Abtrennen des Inhibitors destilliert. Kp = 77,3°C.

Zusammenfassung

Pfropfcopolymere von partiell verseiftem Polyvinylacetat und Polyacrylnitril wurden synthetisiert. Das partiell verseifte Polyvinylacetat lag in Form von Polymergranulat oder Fasern vor. Die Pfropfpolymerisation erfolgte mittels der Methode der Ce(IV)-Lösung. Die Verseifung von PVAc wurde in homogenem oder in heterogenem Medium durchgeführt. Das in homogenem Medium partiell verseifte PVAc ergibt praktisch kein Pfropfcopolymeres.

Es wurde die Möglichkeit gezeigt, frischersponnene Polyvinylacetatfaserstoffe unmittelbar nach dem Erspinnen zu verseifen, indem der koagulierte Faserstoff in ein weiteres Bad mit dem Verseifungsmittel geführt wird. Die Pfropfpolymerisationsreaktion kann ebenfalls auf der frischverseiften Faser durchgeführt werden, indem sie durch ein weiteres Bad geleitet wird, das die erforderlichen Reaktionsmittel enthält. Pfropfcopolymere mit 14% Polyacrylnitril führen zu einer Verbesserung der thermomechanischen Eigenschaften der Fasern.

Die Löslichkeit der Pfropfcopolymeren wurde untersucht.

Literatur

[1] *Mino, G.*, und *Kaizerman, S.*: A new method for the preparation of graft copolymers. Polymerization initiated by ceric ion redox systems. J. Polymer Sci. **31** (1958) S. 242–243.

[2] *Kaizerman, S., Mino, G.*, und *Meinhold, L. F.*: Polymerization of vinylmonomers in cellulosic fibres. Textile Res. J. **32** (1962) 2, S. 136–139.

[3] *Kamogawa, H.*, und *Sekiya, T.*: Graft polymerization of acrylamide onto cotton fabric for further treatment. Textile Res. J. **31** (1961) 7, S. 585–591.

[4] *Livšic, R. M.*, und *Rogovin, Z. A.*: Synthese neuer Derivate der Cellulose und anderer Polysaccharide. XXX. Synthese von Pfropfcopolymeren der Cellulose mit Polyacrylnitril in Gegenwart von Salzen des vierwertigen Cers. Vysokomol. Soed. (Hochmol. Verbind.) (1963), Sonderheft „Cellulose und ihre Derivate", S. 12–17.

[5] *El-Garf, S. A., Konkin, A. A.*, und *Rogovin, Z. A.*: Synthese von Pfropfcopolymeren des Polyacrylnitrils. Vysokomol. Soed. (Hochmol. Verbind.) **8** (1966) 1, S. 42–48; dt. in: Sowj. Beitr. Faserforsch. Textiltechnik **3** (1966) 5, S. 229–234.

[6] *Kimura, S.*, und *Imoto, M.*: Polymerization of acrylonitrile by ceric salts in the presence of starch. Makromol. Chemie **42** (1960) 2, S. 140–150.

[7] *Vasil'ev, Ju. V.*, und *Rogovin, Z. A.*: Ausarbeitung einer Methode zur Beurteilung der thermomechanischen Eigenschaften von Fasern. Chim. Volokna (Chem. Fasern) **3** (1961) 4, S. 42–46.

Eingegangen am 1. Juni 1970

Faserforschung und Textiltechnik 21 (1970) Heft 12

Über die polarographische Titandioxid-Bestimmung in mattierten Polyäthylenterephthalat- und Polycaproamidmaterialien

Hans-Dieter Dinse und Karl-Heinz Ewert

VEB Chemiefaserkombinat Schwarza „Wilhelm Pieck", Chemiefaserwerk Wilh.-Pieck-Stadt Guben, Abteilung Forschungslabor

DK 678.674'524'420:678.675'126:[543.253:546.824—31]:677.021.123.64

Es wird eine Methode beschrieben, nach der der Mattierungsmittelgehalt von Polymeren auf polarographischem Wege bestimmt werden kann. Die Polymersubstanz wird hierzu oxydativ zerstört und das Titan in schwefelsaurer Lösung in Gegenwart von Oxalationen polarographiert. Gegenüber den bisher angewandten Verfahren besitzt diese Methode den Vorteil, daß der Mattierungsmittelgehalt bei geringer Probeneinwaage in verhältnismäßig kurzer Zeit bestimmt werden kann.

О полярографическом определении двуокиси титана в матированных материалах на основе полиэтилентерефталата и поликапроамида

Описан полярографический метод определения содержания матирующего средства в полимерах. Для этого после окислительной деструкции полимерного вещества проводится полярографическое определение титана в сернокислом растворе в присутствии ионов щавелевой кислоты. В сравнении с применяемыми до сих пор методами описываемый способ имеет то преимущество, что позволяет относительно быстрое определение двуокиси титана в небольших навесках материала.

Polarographic Determination of Titanium Dioxide in Matted Polyethylene Terephthalate and Polycaproamide

A method for the polarographic determination of the amount of matting agents in polymers is described. The polymer is subjected to oxydative degradation and the TiO_2 present is determined polarographically in the presence of oxalate ions. In contrast to conventional methods, the procedure described allows rapid determination with small samples.

1. *Einführung*

Für die Mattierung von Chemiefasern werden seit mehr als 30 Jahren Titandioxidpigmente eingesetzt. Neben anderen Vorteilen besitzt das Titandioxid von allen Weißpigmenten den größten Lichtbrechungskoeffizienten, so daß mit kleinen TiO_2-Gehalten hohe Matteffekte erzielt werden können. Da sich die einzelnen Fasertypen in ihrer Herstellung stark unterscheiden, sind verschiedene Verfahren zu ihrer Mattierung ausgearbeitet worden. Bei Polyester- und Polyamidfaserstoffen wird das Mattierungsmittel in der Regel in Form einer Suspension zugesetzt. Je nach Einsatzgebiet der Faserstoffe wird ein Mattierungsmittelgehalt zwischen 0,3 und 2,0% gewählt. Mit diesem Bereich ist für den Analytiker im wesentlichen die zu erwartende Titankonzentration festgelegt.

In der Literatur gibt es eine Reihe von Arbeiten, die sich mit der quantitativen Bestimmung des Titans in verschiedenen Materialien befassen. So sind in letzter Zeit komplexometrische [1, 2], kolorimetrische [3 bis 5] und polarographische [6 bis 9] Bestimmungsmethoden beschrieben worden. Wenn das Titan in Form des Dioxids als Mattierungsmittel von Chemiefaserstoffen vorliegt, kann es nach der gebräuchlichen Methode der Veraschung (Glührückstand), kolorimetrisch [10, 10a] oder auch nephelometrisch [11] bestimmt werden. Über den Einsatz der Polarographie ist unseres Wissens in diesem Zusammenhang bisher nicht berichtet worden.

Im Hinblick auf die Entwicklung einer zeitsparenden und titanspezifischen Analysenmethode erschien es uns deshalb lohnend, die Möglichkeiten einer polarographischen Bestimmung des TiO_2-Gehaltes in Polyäthylenterephthalat (PÄT) und Polycaproamid (PA) zu untersuchen.

2. *Aufbereitung der PÄT- und PA-Proben*

Bevor eine polarographische Analyse durchgeführt werden kann, ist es ebenso wie bei anderen analytischen Verfahren erforderlich, eine Aufbereitung der Probe vorzunehmen. Die Aufbereitung hat im vorliegenden Fall den Zweck, die organische Polymersubstanz zu zerstören und das schwerlösliche Titandioxid in eine lösliche Verbindung zu überführen. Von den in der Literatur beschriebenen Aufschlußverfahren [10a, 12] kam die Naßoxydation mit konzentrierter Schwefelsäure und Wasserstoffperoxid unseren Vorstellungen am nächsten, da die Schwefelsäure gleichzeitig als Grundelektrolyt für die polarographische Bestimmung dienen kann. Bei der Nacharbeitung der Methode zeigte sich, daß PÄT- und PA-Proben in relativ kurzer Zeit oxydativ zerstört werden, wobei gleichzeitig das TiO_2 aufgeschlossen wird. Die Aufbereitung der Proben läßt sich nach folgender Arbeitsweise durchführen:

0,2 bis 0,3 g der gut zerkleinerten Probe (0,3 bis 2,0% TiO_2) werden in einen *Kjeldahl*-Kolben eingewogen und mit 10 ml konzentrierter Schwefelsäure übergossen. Die Probe wird auf der Gasflamme solange erhitzt, bis sich die Substanz zu lösen beginnt. Nun gibt man vorsichtig (Schutzbrille!) mit einer langen Pipette tropfenweise soviel 30%iges Wasserstoffperoxid zur heißen Lösung, bis diese klar wird. Nach jedem Tropfen H_2O_2 setzt unter Aufschäumen eine heftige Reaktion ein. Das in der Aufschlußlösung vorliegende Peroxotitanylkation wird durch Verkochen des überschüssigen Wasserstoffperoxides in das Titanylkation überführt. Der Aufschluß dauert ca. 1 h. Die Aufschlußlösung wird unter Nachspülen mit einer 0,25 m Natriumoxalatlösung vorsichtig in einen 100 ml Maßkolben überführt und mit der gleichen Lösung bis zur Marke aufgefüllt.

3. *Polarographische Titanbestimmung*

3.1. *Ausarbeitung einer geeigneten Methode*

In verdünnten schwefelsauren Lösungen erhält man für das Titan(IV) eine langgezogene irreversible kathodische Stufe mit einem Halbstufenpotential (HSP) von $E_{1/2} = -0{,}85$ V, die sich für eine quantitative Auswertung nicht eignet. Erst in Gegenwart geeigneter organischer oder anorganischer komplexbildender Säureanionen bilden sich gut auswertbare reversible Stufen aus.

Wir wählten von den in der Literatur vorgeschlagenen Liganden [13, 14] das Oxalation aus. Die Abhängigkeit

Tabelle 1. Einfluß der Schwefelsäurekonzentration auf das Halbstufenpotential der Titan(IV)-Reduktion)*

Nr.	Schwefelsäurekonzentration mol/l	$E_{1/2}$ V	$E_{1/2}$ unter Zusatz von 0,25 m Oxalsäure V
1	1,8	−0,85	−0,22
2	3,6	−0,26	−0,14
3	5,4	−0,12	−0,09
4	7,2	−0,10	−0,07
5	10,8	+0,09	−0,02

*) Die Messungen wurden mit dem Gleichstrompolarographen OH-102 der ungarischen Firma Radelkis durchgeführt. Die Bestimmung der Halbstufenpotentiale wurde gegen eine gesättigte Kalomelelektrode vorgenommen.

des Halbstufenpotentials von der Schwefelsäurekonzentration ist bis zu 1,5 molaren Lösungen bereits bekannt. Wir erweiterten den schon untersuchten Bereich bis auf 10,8 m und bezogen oxalathaltige Lösungen in die Untersuchungen mit ein (Tabelle 1).

Bei graphischer Darstellung der Meßergebnisse lassen sich zwei lineare Abhängigkeitsbereiche erkennen. Bis zu einer Säurekonzentration von ca. 5 m H_2SO_4 kommt es in oxalathaltigen Lösungen zu verhältnismäßig großen Änderungen, während oberhalb dieses Wertes die Änderung des HSP geringfügig ist. In oxalatfreien Lösungen besteht die gleiche Abhängigkeit, allerdings treten hier noch größere Differenzen auf.

Es zeigte sich, daß für die praktische Durchführung der polarographischen Titanbestimmung die Verwendung von 1,8 m H_2SO_4 im Gemisch mit 0,25 m Oxalsäure oder Natriumoxalat sehr geeignet ist. Die Stufenhöhe ist unter diesen Bedingungen in dem von uns untersuchten Bereich ($5 \cdot 10^{-4}$ bis $5 \cdot 10^{-2}$ g TiO_2/100 ml) der Titankonzentration proportional und graphisch gut bestimmbar.

Die polarographische Titanbestimmung wird durch Anwesenheit von Fluorid- und Eisen(III)-Ionen gestört [15, 16]. In dem von uns gewählten stark sauren Grundelektrolyten tritt die Störung durch Fluoridionen nicht auf. Die Störung durch Fe(III)-Ionen läßt sich durch Zusatz eines Reduktionsmittels ausschließen. Wir wählten für diesen Zweck das Hydrazinsulfat aus [16, 17, 18].

3.2. Bestimmung des Titangehaltes nach der Methode der Standardzusätze

Zur Ermittlung der Konzentration eines Stoffes gibt es in der Polarographie verschiedene Möglichkeiten. Wir benutzten bei unseren Untersuchungen die Methode der Standardzusätze zur quantitativen Bestimmung des Titangehaltes und wandten folgende Arbeitsvorschrift an:

Die PÄT- oder PA-Probe wird nach der unter 2 beschriebenen Arbeitsweise aufgeschlossen. 10 ml der so erhaltenen Lösung werden in eine polarographische Zelle einpipettiert und zwei Tropfen einer 0,1%igen wäßrigen Gelatinelösung sowie ein kleiner Kristall Hydrazinsulfat hinzugefügt. Die Probe wird 10 min durch einen leichten Stickstoffstrom entlüftet und anschließend zweimal polarographiert. Danach wird der Probe eine definierte Menge (max. 1 ml) einer Standardlösung[1]) zugesetzt und nochmal kurzzeitig entlüftet. Anschließend wird erneut zweimal polarographiert. Zur Auswertung werden die Stufenhöhen aus den Polarogrammen vor und nach dem Standardzusatz ermittelt und jeweils die Mittelwerte bestimmt.

Der Titandioxidgehalt der Probe wird dann nach folgender Gleichung errechnet:

$$TiO_2\,(\%) = \frac{100 \times h \times c}{[h' + (h' - h)\,V/A] \times E};$$

h = Mittelwert der Stufenhöhe in cm vor Zugabe der Standardlösung,
h' = Mittelwert der Stufenhöhe in cm nach Zugabe der Standardlösung,
V = Volumen der Untersuchungslösung vor Standardzusatz in ml,
A = Volumen der Standardlösung in ml,
E = Einwaage des Polymeren in g,
c = Konzentration der Standardlösung in g TiO_2/100 ml.

Bei Serienanalysen ist es zweckmäßig, die Titankonzentration aus einer Eichkurve abzulesen, bei der die Konzentration c gegen die Stufenhöhe h aufgetragen wird. Es ist allerdings darauf zu achten, daß die Messungen zur Aufstellung der Eichkurve unter konstanten Bedingungen erfolgen.

4. *Vergleich mit anderen Methoden und Fehlerbetrachtung*

In der folgenden Tabelle 2 sind nach verschiedenen Methoden bestimmte Mattierungsmittelgehalte einiger Polyester- und Polyamidproben gegenübergestellt.

Bei den Proben A bis E handelt es sich um PÄT verschiedener Provenienz, während die Proben G bis M während der Verarbeitung einer PÄT-Charge zu verschiedenen Zeiten gezogen wurden. Alle Werte resultieren aus Doppelbestimmungen. Der Vergleich der Werte zeigt, daß die gravimetrisch bestimmten TiO_2-

[1]) Die Standardlösungen werden nach der unter 2 angegebenen Arbeitsvorschrift durch Aufschluß von reinem TiO_2 hergestellt. Die Konzentration der Lösung wird so gewählt, daß in 100 ml 0,01 bis 0,05 g TiO_2 enthalten sind.

Tabelle 2. Vergleich gravimetrisch, kolorimetrisch und polarographisch bestimmter TiO_2-Gehalte von PÄT- und PA-Proben.

Probe*)	Gravimetrie % TiO_2	Kolorimetrie % TiO_2	Polarographie % TiO_2
A	0,47	0,33	0,38
B	2,08	2,05	1,87
C	0,63	0,41	0,49
D	1,62	1,48	1,49
E	0,51	0,45	0,43
F	0,40	0,30	0,33
G	1,29	—	1,14
H	1,28	—	1,10
I	1,18	—	1,05
K	1,25	—	1,09
L	1,24	—	1,06
M	1,20	—	1,08

*) Die Proben A bis E und G bis M sind PÄT, die Probe F PA.

Tabelle 3. Reproduzierbarkeit der polarographischen Bestimmung des Mattierungsmittelgehaltes

Proben-Nr.	% TiO_2	Fehlerrechnung
1	1,13	
2	1,12	$x = 1{,}15\%$
3	1,18	
4	1,12	$s_{10} = \pm 0{,}025\%$
5	1,13	
6	1,16	$v = \pm 2{,}35\%$
7	1,17	
8	1,20	$q = \pm 0{,}02\%$
9	1,15	
10	1,16	

Gehalte stets am höchsten liegen. Die Differenz zu den mit titanspezifischen Methoden gefundenen Werten erklärt sich dadurch, daß bei der Gravimetrie neben dem TiO_2 auch alle anorganischen Fremdstoffe des Mattierungsmittels und des Polymeren als Glührückstand zur Auswaage kommen. Der Zeitbedarf der in Tabelle 2 angeführten Methoden kann für die Einzelanalyse wie folgt angegeben werden:

Gravimetrische Analyse	2,5 h,
kolorimetrische Analyse²)	1,5 h,
polarographische Analyse²)	1,5 h.

Der Substanzbedarf ist bei den drei besprochenen Methoden recht unterschiedlich. Während für die Veraschungsmethode etwa 5 g benötigt werden, kommt man bei der kolorimetrischen Analyse je nach Mattierungsmittelgehalt mit 0,2 bis 1 g aus. Die polarographische Bestimmung kann mit 0,05 bis 0,3 g Polymersubstanz durchgeführt werden.

Über die Reproduzierbarkeit der polarographischen Methode gibt Tabelle 3 Auskunft.

5. *Zusammenfassung*

Die Eignung der polarographischen Analyse zur Bestimmung des TiO_2-Gehaltes in mattierten Polyester- und Polyamidmaterialien wurde untersucht. Es konnte ein Verfahren erarbeitet werden, das in Kombination mit einem oxydativen Naßaufschluß die quantitative Analyse des Mattierungsmittelgehaltes bei geringer Probeneinwaage in relativ kurzer Zeit gestattet. Ein Vergleich mit anderen Methoden und Untersuchungen zur Reproduzierbarkeit wurden durchgeführt.

Für die sorgfältige Durchführung der Analysen danken wir unserer Mitarbeiterin Frau *Christa Dulitz*.

Literatur

[1] *Kletenik, Ju. B.*, und *Bykhovskaja, I. A.:* Extraktion von Titan mit 2-Äthylhexylphosphorsäure und seine komplexometrische Bestimmung. Ž. anal. Chimii (Z. analyt. Chemie) **21** (1966) S. 1499—1504.

²) Die Zeitangabe schließt die Arbeitszeit für den Aufschluß ein.

[2] *Kreshkov, A. R., Kuchkarev, E. A.*, und *Šatunova, G.:* Quantitative Bestimmung von Titan in titanorganischen und titan-silicium-organischen Verbindungen. Ž. anal. Chimii (Z. analyt. Chemie) **20** (1965) S. 1325 bis 1329.

[3] *Snaiderman, S.*, und *Knjazeva, E. N.:* Extraktionsphotometrische Bestimmung von Titan als Komplex mit Brenzcatechin und Picolinsäure. Ž. anal. Chimii (Z. analyt. Chemie) **21** (1966) S. 419—421.

[4] *Lange, B.:* Kolorimetrische Analyse. Weinheim/Bergstraße: Verlag Chemie 1964. S. 224—232.

[5] *Ulrich, H. M.:* Handbuch der chemischen Untersuchung von Textilfasern, Bd. 3. Wien: Springer 1962, S. 565—571.

[6] *Afghan, B. K., Dagnall, R. M.*, und *Thompson, K. C.:* Polarographische Bestimmung von Metallacetylacetonaten nach Extraktion mit Toluol. Talanta, London **14** (1967) S. 239 und S. 715—720.

[7] *Kowalsky, Z.*, und *Zarebsky, J.:* Polarographische Titanbestimmung. Chem. analit., Warszawa **12** (1967) S. 1237—1249.

[8] *Terenteva, E. A.*, und *Smirnova, E. N.:* Eine Schmelzmethode zur Analyse von schwer zersetzlichen organischen Verbindungen und anschließende polarographische Titanbestimmung. Zavodsk. Labor., Moskva (Betriebslabor) **32** (1966) S. 924—962.

[9] *Krjukova, T. A., Sinjakova, S. J.*, und *Arefjeva, T. W.:* Polarographische Analyse. Leipzig: Dt. Verlag für Grundstoffindustrie 1964.

[10] *Praeger, K., Bröcker, W.*, und *Raue, I.:* Die Bestimmung des Mattierungsmittelgehaltes in Titandioxidsuspensionen und mattiertem Polyamid. Faserforsch. u. Textiltechnik **20** (1969) 7, S. 330—333.

[10a] *Men', E. S.*, und *Sprogis, A. J.:* Bestimmung des Titandioxidgehaltes in Polycaproamid durch Naßoxydation. Chim. Volokna (Chem. Fasern) (1968 5, S. 68—69; dt. in: Sowj. Beitr. Faserforsch. Textiltechnik **5** (1969) 1, S. 21—22.

[11] *Wünsch, E.:* Die Bestimmung des Mattierungsmittelgehaltes (TiO_2) von DEDERON durch Trübungsmessung. Mitt. Inst. Textiltechnol. Chemiefasern Rudolstadt **3** (1959) S. 179—180.

[12] *Mische, W., Schröder, E.*, und *Thinius, K.:* Fluorometrische Bestimmung von anorganischen Bestandteilen in Niederdruckpolyäthylen. Plaste u. Kautschuk **16** (1969) 1, S. 23—25.

[13] *Adams, D. F.:* Polarographische Bestimmung von Titan in Ton und Tonerzeugnissen. Analytic. Chem. **20** (1948) 10, S. 891—895.

[14] *Stuckert, L.:* Über Doppelverbindungen des vierwertigen Titans. Chemiker-Ztg. **57** (1933) S. 754—755.

[15] *Gochstein, J. P.:* Oszillopolarographische Bestimmung des Titans in Stahl. Ž. anal. Chimii (Z. analyt. Chemie) **9** (1954) S. 2255—2264.

[16] *Schetanow, Ch., Botew, J.*, und *Elenkova, N.:* Über die polarographische Bestimmung von Titan in Gegenwart von Eisen. Ber. bulg. Akad. Wiss. **18** (1965) 5, S. 433 bis 436.

[17] *Strubl, R.:* Bestimmung von Uran und anderen Schwermetallen bei einem Überschuß von Eisen. Coll. czechoslov. chem. Commun. **10** (1938) S. 466 bis 474.

[18] *Blažek, A.*, und *Koryta, J.:* Oxidation des Ti(III)-Ions mit Hydroxylamin. Coll. czechoslov. chem. Commun. **18** (1953) S. 326—329.

Eingegangen am 27. Juli 1970

Neue Bücher

Encyclopedia of Polymer Science and Technology. Plastics, Resins, Rubbers, Fibers. Vol. 11: Polyesters to Rayons. Hgg. von *Herman F. Mark, Norman G. Gaylord* und *Nobert M. Bikales.* New York/London/Sidney: Interscience Publ., Wiley & Sons 1969. XIII, 847 S. Lwd. Subskriptionspreis 350 s; Einzelpreis 470 s.

Dieser 11. Band beginnt mit dem Komplex Polyester und hier wiederum mit *Polyester Fibers* (*G. Farrow* und *E. S. Hill*, 41 S.). Das Kapitel legt bei höchster Komprimierung eine solide Basis, die betreten muß, wer das Problem Polyesterfaserstoffe angehen will. Es stellt also eine Einführung dar. Hierin unterscheidet es sich in der Konzeption vom vergleichbaren Kapitel über die Polyamidfasern im 10. Band, das fast den dreifachen Umfang hatte (und über fünfmal mehr Literaturzitate enthielt).

Die Arbeit über *Polyesters* von *I. Goodman* (67 S.) wird hingegen auch der Fachmann mit dem Gefühl lesen, ständig sein Wissen zu festigen oder zu vermehren. Er erhält eine umfassende polymerwissenschaftliche und detaillierte Information, die auch technologische Konsequenzen eröffnet. Darüber hinaus findet er eine gut geordnete Literaturzusammenstellung (540 Zitate); hier ist lediglich zu fragen, nach welchen Gesichtspunkten — bei gegebenem Patentgegenstand — das zitierte Anmeldeland ausgewählt wurde.

Polyester Films (*J. M. Hawthorne* und *C. J. Heffelfinger*, 20 S.) und *Polyesters, Unsaturated* (*H. V. Boenig*, 40 S.) sind weitere Abschnitte über diesen insgesamt so expansiven Polymertyp.

Im Kapitel *Polymerization Procedures, Industrial* versuchen die beiden Autoren *L. Basel* und *J. Papp* auf 24 Seiten, allgemeine Probleme, die bei industriellen Polymerisationsreaktionen auftauchen, zu diskutieren. Es bleibt erwartungsgemäß bei „wertvollen Hinweisen" — gegen die wir aus spezifischen Gründen etwas allergisch sind. Merkenswert ist eine umfangreiche Zusammenstellung der Polymerisationswärmen verschiedener Monomerer.

Auch der folgende Artikel *Polymerization Procedures, Laboratory* (*A. E. Borchert*, 14 S.) ist als Übersicht angelegt. Die empfohlenen kommerziell erhältlichen Apparaturen sind zwar sämtlich amerikanischen Ursprungs, trotzdem ist diese kleine Arbeit für neu ins experimentelle Polymer-Geschäft eintretende Kollegen lesenswert. Ob sie allerdings aus den armen Bildern viel lernen können, ist zu bezweifeln.

Im Kapitel *Polymers, Conductive* halten die Autoren *A. Rembaum* (*Semiconductive Polymers*, 20 S.) und *P. Ehrlich* (*Photoconductive Polymers*, 26 S.) den Maßstab wieder so hoch, wie wir es bei dieser Enzyklopädie nun schon als normal empfinden. Ihnen ist eine Studie hoher Informationsdichte gelungen.

Auch der Abschnitt *Polysaccharides* (*R. L. Whistler*, 29 S.) vermittelt reichhaltige Kenntnisse; er dürfte besonders den Cellulose-Chemiker ansprechen.

Polyureas ist unterteilt in *Survey* (*H. G. J. Overmars*, 31 S.) — das ist mehr als nur ein Überblick, eher der Einblick, der den Leser urteilsfähig macht — und in *Polyurea Fibers* (*O. E. Snider* und *R. J. Richardson*, 11 S.). Diese bald klassische Synthesefaser rangiert bisher nur am Rande der Großen, und wie es scheint, wird wohl auch nichts so Rechtes aus ihr werden.

Wer die *Polyurethane* bisher nur aus den Lehrbüchern der Organischen Chemie kennengelernt hat, kann seinen Nachholebedarf umfassend und auf einfachem Wege durch Lektüre des entsprechenden Kapitels von *K. A. Pigott* (58 S.) decken. Da diese Polymerklasse sicherlich in Einsatzgebiete vordringen wird, die heute noch nicht erschlossen sind, ist der zukunftsbewußte Leser gerade dieser Zeitschrift gut beraten, wenn er die Arbeit aufmerksam durchsieht.

Der Artikel *Propylene Polymers* (*J. L. Jezl* und *E. M. Honeycutt*, 22 S.) bietet kritisch, auf engstem Raum und doch übersichtlich geordnet das Wesentliche über diese Polymeren, die — was ihre Verwendung im Fasersektor betrifft — nun schon seit Jahren immer wieder zu den schönsten Hoffnungen berechtigen.

Zu den Spezialitäten, die der auf Faserstoffe orientierte Polymerchemiker trotzdem nicht ignorieren sollte — denn wer weiß genau, welche Wünsche künftig geweckt werden — gehören die Kapitel *Polyhydrazides and Polyoxadiazoles, Polyimidazoles, Polyimidazopyrrolones* und *Polyimides.* Man wird als „Außenstehender" nicht gleich wieder Gelegenheit bekommen, Konzentrate dieser Qualität zu besichtigen. Wir empfehlen deshalb, die Chance zur potentiellen Inspiration wahrzunehmen. Es genügt zunächst, jeweils die Unterabschnitte *Properties* und *Applications* zu lesen.

Schließlich können wir nicht umhin, auf die Kapitel *Polynucleotides* und *Proteins* — mit 8 Seiten *Protein Fibers* (*H. K. Salzberg*) — aufmerksam zu machen. Für ein fachliches Urteil sind wir in keiner Weise kompetent. Wir stehen hier jedoch vor einer drucktechnisch und redaktionell (Literaturzitate sind auf dem Stand 1969) meisterhaften Leistung und ahnen dadurch besonders beeindruckt die enorme gedankliche Arbeit, die von vielen Individualisten und Kollektiven absolviert wurde, bevor dieses hohe Erkenntnisniveau erreicht werden konnte (wenn auch der „Doppel-Helix"-Autor — offenbar auf Grund günstiger persönlicher Konstellation — die Sache anders empfindet).

Dann endet das ertragreiche P, und nach 4 cm Q beginnt R mit *Radiation-Induced Reactions.* Dieses Kapitel beschreibt ausführlich die Reaktionen, die in Monomeren und Polymeren durch ionisierende Strahlung ausgelöst werden. Es ist sehr umfangreich (82 S.) und enthält drei Teilkapitel: *Reactions induced by ionizing radiation* (*A. Chapiro*, 58 S.) — hier geht es ins Detail; recht anregende Aspekte induziert der Unterabschnitt *Radiation-initiated polymerizations* (24 S.) —*Photochemistry* (*R. B. Fox* und *R. F. Cozzens*, 19 S.) sowie *Engineering aspects* (*W. Brenner* und *W. Kapfer*, 5 S.).

Zur gleichen Thematik gehört der folgende Artikel über *Radiation-Resistant Polymers* (*W. W. Parkinson*, 26 S.).

Jetzt wissen wir endlich genau, was *Rayon* im amerikanischen Sprachgebrauch bedeutet: "a manufactured fiber composed of regenerated cellulose, as well as manufactured fibers composed of regenerated cellulose in which substituents have replaced not more than 15% of the hydrogens of the hydroxyl groups". Es dürfen auch *filaments* sein. Das Kapitel umfaßt nur 37 Seiten. Die Autoren *R. L. Mitchell* und *G. C. Daul* versuchen also gar nicht erst, mit renommierten Standardwerken zu konkurrieren. Das Resultat ist ein guter Überblick. Es zeigt sich wieder einmal: Kurzdarstellungen der Ergebnisse kreativer Anstrengungen sind heute leider nur auf naturwissenschaftlichem Gebiet erhältlich — und das spricht für die geistige Disziplin der Interpreten dieser Disziplin.

Rayon wird in den USA eine gesicherte Zukunft vorausgesagt. Auch wir trauen den cellulosischen Faserstoffen noch viel zu — wenn man die wissenschaftliche Forschung und Entwicklung ohne leichtfertige Vorurteile weiterhin fördert.

V. Gröbe

Basic Laser Raman Spectroscopy. Von *Jack Loader.* London/Philadelphia: Heyden/Sadtler 1970. VII, 105 S. Brosch. $ 4,50.

Mit der Anwendung des Lasers als monochromatische Lichtquelle hat die Ramanspektroskopie in den letzten zehn Jahren erheblich an Bedeutung zugenommen. Die Laser-Ramanspektroskopie bringt Änderungen der experimentellen Technik mit sich und erweitert die Aussagemöglichkeiten der Methode so stark, daß die klassischen Werke über die Ramanspektroskopie einer Ergänzung bedürfen. In diese Lücke gehört das hier zu rezensierende Buch, obwohl es keineswegs geeignet ist, die Lücke auszufüllen. Das war sicher auch nicht die Absicht des Autors, denn 50 durch große Bilder aufgelockerte Textseiten reichen dazu nicht aus.

Der Autor beschreibt im einleitenden Kapitel die Entdeckung und das Wesen des Ramaneffektes. Im Kapitel über die Probenbehandlung werden einige Ramanspektrometer sowie die dazu gehörenden Küvetten vorgestellt, wobei das vom Autor benutzte Gerät Cary 81 besondere Berücksichtigung findet. Hinzu kommen knappe Hinweise auf Polarisationsmessungen, Untersuchungen an Festkörpern und Küvetten für hohe und tiefe Temperaturen. In weiteren

Kapiteln werden die Eichung der Spektrometer, die Kontrolle des Auflösungsvermögens und die die Intensität beeinflussenden Faktoren beschrieben. Für den Experimentator von besonderem Interesse sind die umfangreichen Tabellen der zur Eichung geeigneten Spektrallinien sowie der bei der Messung möglicherweise störenden Linien des Laser-Plasmas. In einem kurzen mit „Chemische Anwendungen der Laser-Raman-Spektroskopie" überschriebenem Kapitel werden lediglich die Gründe angeführt, die Raman-Untersuchungen nützlich erscheinen lassen.

In der als Anhang bezeichneten zweiten Hälfte des Buches werden zunächst weitere kommerzielle Laser-Ramanspektrometer anhand einiger aus den Firmenprospekten entnommenen Angaben vorgestellt und einige für die Ramanspektroskopie geeignete Laser beschrieben. Den Abschluß bildet eine Zusammenstellung der Ramanspektren von 18 Lösungsmitteln einschließlich der Frequenztabellen und der relativen Intensitäten, wobei die sehr gute und großzügige Wiedergabe der Spektren hervorzuheben ist. Das Spektrum von Polyäthylen soll die Anwendbarkeit der Methode auf Polymere demonstrieren.

Man kann nicht sagen, daß das Buch zu den Werken gehört, die in einschlägigen Forschungseinrichtungen nicht fehlen dürfen. Es enthält aber eine Reihe nützlicher Hinweise und wird wohl vor allem wegen der in ihm enthaltenen Spektren und Tabellen häufig benutzt werden.

J. Dechant

Applied Spectroscopy Reviews. Vol. 1. Herausg.: *Edward G. Brame, jr.* New York: Marcel Dekker 1968. VIII, 455 S. $ 16,50.

In den Applied Spectroscopy Reviews sollen Übersichtsarbeiten über Grundlagen, Methoden und Anwendungen aus allen Bereichen der Spektroskopie von den kurzwelligen Gamma- und Röntgenstrahlen bis zu den Mikro- und Radiowellen erscheinen. Diese Art der Publikation ermöglicht es, daß namhafte Autoren über den jeweils neuesten Entwicklungsstand auf ihren Spezialgebieten ohne lange zeitliche Verzögerungen berichten können.

Der vorliegende erste Band enthält acht Arbeiten, von denen vier sich mit neuen Entwicklungstendenzen auf dem Gebiet der Ultrarotspektroskopie befassen. Zwei Arbeiten sind der magnetischen Kernresonanz gewidmet, die restlichen betreffen die Flammenspektroskopie und die Spektroskopie der weichen Röntgenstrahlen.

In dem ersten Kapitel über Atom-Fluoreszenz-Flammenspektroskopie werden die Theorie, die experimentelle Methodik und die Ergebnisse dieser Methode beschrieben, wobei die Autoren *J. D. Winefordner* und *J. M. Mansfield* vorwiegend über ihre eigenen Untersuchungen berichten. Zu den wertvollsten Teilen des Bandes gehört nach Ansicht des Rezensenten der von *A. S. Wexler* verfaßte Beitrag über „Integrierte Intensitäten von Absorptionsbanden in der Ultrarotspektroskopie". Neben den theoretischen Grundlagen werden die experimentellen Verfahren zur Messung der integrierten Intensität und die Faktoren, welche die Intensität beeinflussen, behandelt. Weiter werden die Ergebnisse von Intensitätsmessungen an einer großen Anzahl von Grundschwingungen mitgeteilt und kritisch betrachtet. *P. A. Wilks* und *T. Hirschfeld* berichten über die Methode der inneren Reflexion in der Ultrarotspektroskopie. Dieser Artikel ist ganz auf die praktische Anwendung des sehr nützlichen Verfahrens ausgerichtet. Er enthält ausführliche Hinweise auf die bei den unterschiedlichsten Proben anzuwendenden Präparationstechniken, wobei auch Polymere und Fasern Berücksichtigung finden. In dem Kapitel über die Untersuchung kleiner Proben mit Hilfe der hochauflösenden magnetischen Kernresonanz beschreiben *R. E. Lundin* u. Mitarb. die bei solchen Messungen anzuwendenden Kunstgriffe bei der Probenvorbereitung und beim Betrieb der Spektrometer sowie die Konstruktion von Mikroküvetten. *J. W. Brasch, Y. Mikawa* und *R. J. Jakobsen* schrieben die Übersichtsarbeit über die chemischen Anwendungen der Spektroskopie im fernen Ultrarot. Die Arbeit enthält nach einer kurzen Einleitung über die experimentelle Technik Abschnitte über Ergebnisse an organischen und anorganischen Verbindungen und über die im fernen UR liegenden Gruppenfrequenzen und Gitterschwingungen. Im nächsten Kapitel behandeln *H. A. Willis* und *M. E. A. Cudby* die Untersuchung von Polymeren mittels hochauflösender magnetischer Kernresonanz. Ausführlich wird auf die mit dieser Methode zu lösenden Probleme, insbesondere auf die Bestimmung der Stereoregularität, eingegangen. Ferner werden die Lösungsmittel, Doppelresonanzmessungen und die Deuteriumsubstitution berücksichtigt. In kurzen Abschnitten werden die an einzelnen Polymeren erzielten Ergebnisse beschrieben. Zusätzlich wurde die Literatur nach Polymeren geordnet in einer Tabelle zusammengestellt. Im mit 90 Seiten längsten Kapitel des Buches bearbeitet *M. R. Basila* die Ultrarotspektren von adsorbierten Molekülen, die für die Katalyse und für die Oberflächenchemie von Bedeutung sind. Den Abschluß bildet eine Übersichtsarbeit von *W. L. Baun* über Geräte und Anwendungen der Spektroskopie im Bereich weicher Röntgenstrahlung.

Der Band ist bereits 1968 erschienen, so daß in den einzelnen Kapiteln nur die Literatur bis 1966 und teilweise 1967 berücksichtigt wird. Die mitgeteilten Ergebnisse stellen daher nicht in allen Fällen den neuesten Stand dar; trotzdem ist das Buch weit davon entfernt, als veraltet zu gelten, da die bearbeiteten Themen nach wie vor von großer Aktualität sind und auch eine zwei bis drei Jahre zurückliegende Übersichtsarbeit noch sehr wertvoll ist. Wer sich nur für ein begrenztes Spezialgebiet der Spektroskopie interessiert, wird sich nicht leicht entschließen, die übrigen im Buch behandelten Themen mitzukaufen. Diesen Nachteil hat eine Sammlung von Übersichtsarbeiten aus einem breiten Themenkreis gemeinsam mit den meisten Fachzeitschriften. Andererseits ist es ökonomischer, sich an Hand einer guten Übersichtsarbeit zu orientieren, als die Informationen selbst mühsam aus den Zeitschriften zusammenzusuchen. Aus diesem Grunde können die Applied Spectroscopy Reviews allen Institutionen, die sich im weitesten Sinne für spektroskopische Arbeiten interessieren, sehr empfohlen werden.

J. Dechant

Biologische Zerstörung der makromolekularen Werkstoffe. Von *Hans H. M. Haldenwanger.* Selbständiger Einzelband der Reihe: Chemie, Physik und Technologie der Kunststoffe in Einzeldarstellungen. Herausgegeb. von *K. A. Wolf.* Berlin/Heidelberg/New York: Springer 1970. VIII, 283 S. Geb. DM 58,—.

Die biologische Schädlingsbekämpfung hat in den letzten 25 Jahren an Bedeutung und Umfang zugenommen und steht heute mit im Mittelpunkt des Interesses. Es ist ein Wissenszweig entstanden, der sich aus den großen Fachgebieten der Biologie, Chemie, Toxikologie und Werkstoffkunde zusammensetzt. Von einem Spezialisten können diese Gebiete nicht gleich gut beherrscht werden. Deswegen ist vorliegendes Buch als Leitfaden und Nachschlagewerk wertvoll.

In 16 Hauptabschnitten ist die Problematik der Zerstörung bzw. des Angriffes makromolekularer Werkstoffe durch biologische Schädlinge, der Prüfung sowie der Schutzmaßnahmen dargestellt. Entsprechend der sich aus der Thematik ergebenden Bedeutung der Mikroorganismen werden an erster Stelle ausführlich Bakterien und Pilze abgehandelt, danach hydrobiologische Schädlinge, Insekten und schließlich auch Wirbeltiere.

Nach Schilderung von Schadwirkungen und deren Ursachen wird die Widerstandsfähigkeit von makromolekularen Stoffen gegen Schädlinge o. a. Gruppen erläutert. Es folgen ausführliche Beschreibungen von Prüf- und Zuchtmethoden von Schadorganismen, anzuwendende Schutzmaßnahmen und einzusetzende Biozide.

Wertvoll sind die im Anhang wiedergegebenen 12 Tabellen, die ein rasches Orientieren ermöglichen. Sie enthalten, nach verschiedenen Ordnungssystemen dargestellt, biologische Schädlinge, deren lateinischen, deutschen und englischen Trivialnamen, die systematische Stellung sowie Norm- und Prüfvorschriften, die allerdings nur die des westlichen Auslandes berücksichtigen. Weiterhin sind, nach unterschiedlichen Gesichtspunkten geordnet, die Biozide und deren Kurzbezeichnungen angegeben. Das Sachregister und die zahlreichen Literaturangaben vervollständigen das Werk. Die Spezialliteratur kann jedoch damit nicht ersetzt werden. Wenn der Aufbau des Buches nicht immer ganz logisch erscheint, was besonders die chemischen Belange betrifft, so mag das wohl an der in sich nicht geschlossenen

Form des weitreichenden Gebietes des noch jungen Wissenszweiges und der damit verbundenen Schwierigkeit, es knapp und übersichtlich darzustellen, liegen.

Für den blinden Autor, der kurz nach Vollendung des Manuskriptes unerwartet verschied, ist es eine beachtenswerte Leistung, und für den interessierten Leser, den Biologen, Chemiker, besonders für den Anwendungstechniker, ist das Werk eine wertvolle Hilfe zur Orientierung und Anleitung zum Handeln. *E. Patitz*

Die Spulenhärte in Abhängigkeit von den Prüf- und von den Spulbedingungen. Von *Walther Wegener* und *Günter Schubert*. Forschungsberichte des Landes Nordrhein-Westfalen. Nr. 2076. Köln und Opladen: Westdeutscher Verlag 1969. 32 S., 19 Abb., 4 Tab. Kart. DM 18,—.

In der Praxis ergibt sich sehr häufig die Notwendigkeit, Härte von bewickelten Spulen genauer zu wissen, als im einfachen Handversuch feststellbar ist. Insbesondere bei Färbespulen ist diese Kenntnis für die Gleichmäßigkeit der Durchfärbung wichtig. Dabei spielt nicht nur die Härte der vollen Spule, sondern auch die radiale Verteilung der Härte über die gesamte Bewicklungsdicke eine große Rolle. Bei dehnungsempfindlichen Syntheseseiden können unterschiedlich hart bewickelte Spulen wegen der damit verbundenen unterschiedlichen Relaxation zu Längs- und Querstreifigkeiten in den erzeugten Flächengebilden führen.

Es ist das Verdienst der beiden Verfasser, in dem vorliegenden Forschungsbericht die Zusammenhänge zwischen der Shore-Härte und den verschiedenen Einflußgrößen untersucht zu haben. Zu letzteren zählen der Typ des Härteprüfgerätes (Geräte der Firmen Frank und Zwick), die Bewicklungsdicke bzw. der Durchmesser der Spule, die Anpreßkraft des Fadenführers sowie die Einwirkungszeit und die Geschwindigkeit des Aufbringens der Anpreßkraft, die Wicklungsart (Bildwicklung oder wilde Wicklung), die Fadengeschwindigkeit oder Spindeldrehzahl beim Spulen, die Einstellung der Fadenbremse und die Höhe der Anfangs-Fadenzugkraft. Die Querstreuung der Härtewerte (Reproduzierbarkeit) erwies sich als relativ gering. Weiter zeigte es sich, daß die an vollen Spulen durchgeführten Messungen nicht ausreichen, um Aussagen über die radiale Härteverteilung der Spule machen zu können. Wegen der vielfältigen Beeinflussung der Härte durch die zum Teil gleichzeitig wirkenden Einflußgrößen muß dem Interessenten das Studium des Forschungsberichtes empfohlen werden.
F. Winkler

Die Klassierung der Garnunregelmäßigkeit und ihr Zusammenhang mit dem Spul- und Webwirkungsgrad bei Leinengarnen. Von *A. Funder*, *H. Griese* und *H. Heim*. Forschungsberichte des Landes Nordrhein-Westfalen. Nr. 2100. Köln und Opladen: Westdeutscher Verlag 1970. 20 S. Kart. DM 11,30.

Ausgehend von einer erarbeiteten Bewertungsgrundlage zur Klassierung von Leinengarnen nach der Häufigkeit von Dickstellen, werden in der vorliegenden Veröffentlichung die Zusammenhänge zwischen der Garnunregelmäßigkeit und dem Spul- und Webwirkungsgrad ermittelt. Die Untersuchungen umfassen dabei Langflachs- und Flachswerggarne mit stark unterschiedlicher Dickstellenhäufigkeit. Für den durch Maschinenstillstände bestimmten Wirkungsgrad sind verschiedene Einflüsse maßgebend. Im vorliegenden Fall wird nur der Materialeinfluß, und zwar speziell die Dickstellenhäufigkeit, betrachtet.

Es wird festgestellt, daß beim Umspulen ohne Garnreinigung der Wirkungsgrad unbeeinflußt bleibt. Beim Spulen mit Garnreinigung ist dagegen von vornherein eine Abhängigkeit des Wirkungsgrades von der Zahl der entfernten Dickstellen gegeben.

Für die Beurteilung des Einflusses der Dickstellenanzahl auf den Webwirkungsgrad werden die auftretenden Fadenbrüche dahingehend beobachtet, ob sie im Zusammenhang mit Garndickstellen stehen. Den Ergebnissen ist zu entnehmen, daß durch Garnverdickungen Wirkungsgradverminderungen bis zu 10% bei Langflachsgarnen und bis 29% bei Flachswerggarnen auftreten. Die ermittelten Wirkungsgrade fügen sich in die gleiche Rangordnung ein wie die Versuchsgarne in das angewandte Bewertungsschema.

Es wird weiterhin der Einfluß der Garnreinigung und der dynamometrischen Eigenschaften der Garne auf den Webwirkungsgrad untersucht.

Insgesamt bringt die Arbeit die Erkenntnis, daß aus der Bewertung eines Garnes gemäß der Dickstellenanzahl Schlüsse über seine Verarbeitbarkeit in der Spulerei und Weberei gezogen werden können. *H. Hofmann*

Messung und Beurteilung der Wirkung optischer Aufheller bei Gegenwart von verschiedenen Pigmenten und von Fettanschmutzungen. Von *Eberhard F. Wagner*. Forschungsberichte des Landes Nordrhein-Westfalen. Nr. 2090. Köln und Opladen: Westdeutscher Verlag 1970. 26 S. 8°, kart. DM 14,50.

Der Bericht befaßt sich mit dem Einfluß verschiedener Schmutzbestandteile auf die Wirkung der Weißtöner auf Baumwollgewebe. Untersucht wurden vier Blankophormarken auf Stilbenbasis. Pigmente können das einfallende wie auch das Fluoreszenzlicht absorbieren und zu einer Fluorenszenzlöschung führen. Es wird ein sog. RE-Diagramm aus bekannten Remissions- und Emissionswerten bei 460 nm aufgestellt, nach dem die Gütezeichengemeinschaft für sachgemäßes Waschen die Qualität der Wäschereien prüft und gegebenenfalls mit Urkunden auszeichnet. Fettsäuren und Fettalkohole vermindern die Fluoreszenz der Aufheller nur dann, wenn sie ungesättigten Charakter aufweisen und einer Autoxydation unterlagen. Ähnlich wirkt Tabakrauch, während Treibstoffabgase keinen Effekt zeigen. Hautfett verursacht den stärksten Abfall. Die Autoxydation wird durch optische Aufheller nicht beeinflußt.

Die Arbeit stellt eine sehr gründliche Studie zum System Waschgut — Schmutz — Aufheller dar und dürfte das Interesse der gewerblichen Wäschereien und der Prüfämter finden.
H.-J. Flath

Handbuch der Textilverbundstoffe (Non Wowens). Theoretische Grundlagen — Praktische Anwendungen. Von *Radko Krčma*. Frankfurt/M.: Deutscher Fachverlag (1970). 239 S., 115 Abb., 36 Tab., 352 Lit. Struktur-Einband DM 34,—.

Nach heute noch sehr optimistisch erscheinenden Prognosen sollen um das Jahr 2000 etwa 28% aller flächenförmigen Textilien in der Welt Textilverbundstoffe sein, zur Zeit sind es etwa 7%. Welche Arten von Textilien unter „Textilverbundstoffen" verstanden werden, das wird im zweiten Abschnitt nach der Einführung, im Abschnitt „Terminologie", dargelegt. Textilverbundstoffe umfassen Vliesstoffe bzw. Faserverbundstoffe, verstärkte Vliesstoffe und Nähgewirke, Tufting-Textilien und Spinnvliese, kurz, alle Arten von Textilien, die nicht nach einer der herkömmlichen Technologien hergestellt worden sind. Die Prinzipien der Terminologie beruhen auf den grundlegenden Arbeiten von *Krčma* (ČSSR), *K. Meyer* (DDR) und *Jörder* (BRD). Die Begriffe für diese neuartigen Textilien haben sich in den letzten Jahren weitgehend im deutschen Sprachgebrauch auch durchgesetzt. Der dritte und vierte Abschnitt befassen sich mit den charakteristischen Eigenschaften und Merkmalen der Textilverbundstoffe und ihrer Struktur, wobei vor allem außer auf eigene Arbeiten auf die jüngsten theoretischen Studien von *Hearle*, *Hill*, *Tichomirov*, *Möschler*, *Jörder*, *Zschunke* u. a. eingegangen wird. Charakteristisch ist für diese Textilverbundstoffe, daß erst in den letzten Jahren begonnen wurde, die empirischen und anwendungstechnischen Studien theoretisch zu erläutern. Die Theorie der Struktur der Textilverbundstoffe ist recht kompliziert und noch längst nicht für alle Arten geklärt.

Im fünften Abschnitt wird die systematische Einteilung der Textilverbundstoffe behandelt, dazu werden die verschiedenen Vorschläge zur Gliederung, z. B. die von *K. Meyer*, von *Jörder* und *Tichomorov* dargestellt. Zweckmäßig sollten der zweite und der fünfte Abschnitt, d. h. die Terminologie und die systematische Gliederung, zusammengefaßt oder wenigstens hintereinander behandelt werden, da ja die Systematik der Gliederung auf den terminologischen Grundsätzen beruht. Der sechste Abschnitt berichtet über Möglichkeiten, die einzelnen Arten von Textilverbundstoffen zu identifizieren nach Technologie, Verfestigung und Bindemittel. Der siebente Abschnitt schließlich behandelt die Prüfung und Qualitätsbeurteilung von Textilverbundstoffen, allerdings mehr die Problematik, während auf die Prüfvorschriften und -verfahren in der Literaturübersicht hingewiesen wird.

Der achte Abschnitt ist den Grundsätzen der Adhäsion und Verklebung gewidmet. Im folgenden neunten Abschnitt behandelt *Krčma* die Faserrohstoffe nach ihrer Funktion im Textilverbundstoff, die Eigenschaften nach Faserstoffart und -form, und spezielle, eigens für die Vliesstoff-Herstellung entwickelte Fasertypen. Der letzte (zehnte) Abschnitt behandelt die Herstellungstechnologien für Textilverbundstoffe, die nach der im fünften Abschnitt besprochenen Einteilung dargestellt werden.

Es ist eine Art Rechenschaftsbericht über den heute in der Welt erreichten technischen Stand bei der Herstellung von Textilverbundstoffen. Ausführliche Literaturhinweise auf die für die Darstellung des technischen Standes bzw. Fortschritts wichtigsten Arbeiten zum Abschluß jedes Kapitels erleichtern das Studium dieses heute so interessanten textilen Fachgebietes. Vergleicht man die erste deutschsprachige Ausgabe, im Fachbuchverlag Leipzig 1963 erschienen, mit der vorliegenden, so sind es offensichtlich drei Merkmale, die den erreichten Fortschritt kennzeichnen: die anfängliche Empirie in der Herstellung von Textilverbundstoffen hat schon eine breite wissenschaftliche Basis erhalten, ferner hat man heute bereits eine recht umfangreiche Palette von speziellen Fasertypen für Vliesstoffe entwickelt und schließlich sind aus vielen Einsatzgebieten Textilverbundstoffe gar nicht mehr wegzudenken.

Die vorliegende Arbeit kann nur die Umrisse des so großen und sich immer mehr ausweitenden Gebietes der Textilverbundstoffe abstecken und bietet eine vorzügliche Grundlage, dieses neue Gebiet zu studieren. Es ist für Lehre, Forschung und betriebliche Praxis gleicherweise zu empfehlen.

K. Meyer

Patentschau

Auszug aus der Lieferung 11/12/1970 der Patentschau „Faserstoffe und Textiltechnik", Ausgabe A: Faserstoffe einschl. Kunststoffe und organ. Grundsubstanzen, zusammengestellt von der Abteilung Wissenschaftliches Berichtswesen des Instituts für Faserstoff-Forschung der DAW, 153 Teltow-Seehof, Kantstr. 55

Die Patentschau ist nach der deutschen Patentklasseneinteilung gegliedert. Es bedeuten: DDP = DDR-Patent; DBP = Deutsches Bundespatent; DAS = (West-)Deutsche Auslegeschrift; DOS = (West)-Deutsche Offenlegungsschrift; OeP = Österreichisches Patent; PoP = Polnisches Patent; SzP = Schweizer Patent; FrP = Französisches Patent; GBP = Britisches Patent; JaP = Japanisches Patent; SvP = Schwedisches Patent; SUP = Sowjetisches Patent; ČSP = Tschechoslowakisches Patent; USP = Amerikanisches Patent; A = Anmeldedatum, B = Tag der Ausgabe der Patent-, Offenlegungs- bzw. Auslegeschrift.

Klasse 12o, 21. Carbonsäuren mit ungesättigter Atomkette, z. B. Zimtsäure (teilweise)

DOS 1907250. Verfahren zur Herstellung von Akrylonitril. Erf.: *Chačik J. Chčjan, Olga M. Revenko, Nikolaj J. Mak, Margarita P. Tichonova* u. *Antonina G. Polkovnikova*. Anm.: Naučno-issledovatelskij institut sintetičeskich spirtov i organičeskich produktiv, Moskau. A. 13. 2. 69, O. 23. 10. 69. Kl.: 12o, 21. A.-Z.: P 1907250. Prior.: 26. 2. 68 u. 12. 12. 68 (SU; A.-Z.: 1221056 u. 1288316).

PoP 60121. Verfahren zur Reinigung von Acrylnitril von Acrolein. Inh.: Società Edison Mediolan (It). A. 3. 5. 66. Kl.: 12o, 21. A.-Z.: 114385. Prior.: 4. 5. 65 (It).

Klasse 12p, 5. Stickstoffringe der heterocyclischen Reihe mit einem Stickstoffatom. Sonstige Ringe mit einem Stickstoffatom ...; Lactame ... (teilweise)

JaP 27647/69. ε-Caprolactam. Inh.: Toyo Rayon Co. Ltd. A. 25. 9. 65, B. 17. 11. 69. Kl.: 16E. A.-Z.: 53861/65.

SvP 319178. Verfahren zur Herstellung von ε-Caprolactam. Erf.: *J. van Westerveld* u. *G. A. T. Sligchers*. Inh.: Stamicarbon N. V., Heerlen (Nd). A. 4. 11. 65, B. 12. 1. 70. Int. Kl.: C 07d 41/06. A.-Z.: 14279/65. Prior.: 5. 11. 64 (Nd; A.-Z.: 6412868).

SvP 322218. Verfahren zur Herstellung von Lactamen aus entsprechenden cycloaliphatischen Ketoximen. Erf.: *J. W. Garritsen* u. *J. A. Bigot*. Inh.: Stamicarbon N. V., Heerlen (Nd). A. 13. 5. 64, B. 6. 4. 70. Int. Kl.: C 07d 41/06. A.-Z.: 5882/64. Prior.: 14. 5. 63 (Nd; A.-Z.: 292749). Entspr. SzP 449021, FrP 1418841 u. USP 3437655.

USP 3492350. Herstellung von Cyclohexanonoxim. Erf.: *Vernon V. Young*. Inh.: Commercial Solvents Corp., New York, N. Y. A. 8. 8. 66, B. 27. 1. 70. Kl.: 260 – 566, Int. Kl.: C 07c 131/04. 7 Anspr. A.-Z.: 570694.

Klasse 29a. Mechanische Gewinnung von Gespinstfasern

FrP 1586563. Röhrenförmige Fäden. Inh.: Société des Usines Chimiques Rhône Poulenc. A. 29. 10. 68, B. 20. 2. 70. Int. Kl.: D 01d. A.-Z.: 171845.

GBP 1178445. Vorrichtungen zum Erspinnen von Chemiefäden mittels Vielloch-Spinndüsen nach dem Naßspinnverfahren. Inh.: VEB Filmfabrik Wolfen. A. 20. 9. 67, B. 21. 1. 70. Kl.: B 5. B, Int. Kl.: D 01d 5/14. A.-Z.: 42849/67.

JaP 26973/69. Polyvinylalkoholfaser mit hoher Festigkeit. Inh.: Nichibo Co. Ltd. A. 27. 6. 66, B. 10. 11. 69. Kl.: 42D. A.-Z.: 41967/66.

SUP 263803 (Urheberschein). Anblasschacht für eine Maschine zum Erspinnen von Synthesefaserstoff. Erf.: *O. V. Ponomarev, B. A. Gudovskij* u. *V. V. Erochin*. Anm.: Special'noe konstruktorskoe-technologičeskoe Bjuro Mašin chimičeskich Volokon. A. 10. 6. 68, B. 10. 2. 70. Int. Kl.: D 01d. A.-Z.: 1246270/28 – 12.

JaP 28848/69. Viskose-Hohlfaden. Inh.: Asahi Chem. Ind. Co. Ltd. A. 13. 5. 65, B. 26. 11. 69. Kl.: 42B. A.-Z.: 27594/65.

GBP 1178584. Vorrichtung zum Schneiden von langen Fäden. Inh.: Fibreglass Ltd. A. 22. 8. 67, B. 21. 1. 70. Kl.: C1. M, Int. Kl.: C 03b 33/00 u. 37/10. A.-Z.: 38653/67. Entspr. FrP 1577067.

DOS 1913185. Langes, Fibrillen enthaltendes Kunststoffprodukt und Verfahren zur Herstellung desselben. Erf.: *Wilhelmus Johannes Fontijn*. Anm.: Algemene Kunstzijde Unie N. V., Arnheim (Nd). A. 14. 3. 69, O. 9. 10. 69. Kl.: 29a, 6/06. A.-Z.: P 1913185. Prior.: 16. 3. 68 (Nd; A.-Z.: 6803777).

GBP 1169782. Konjugierte Polyamid/Polyester-Fäden. Inh.: Imperial Chemical Industries Ltd. A. 24. 2. 66, B. 5. 11. 69. Kl.: B5. B, Int. Kl.: D 01f 7/04. A.-Z.: 8167/66. Entspr. SzP 487271, FrP 1512294 u. USP 3488251.

GBP 1179615. Herstellung von konjugierten Fäden durch Schmelzextrusion. Inh.: Imperial Chemical Industries Ltd. A. 5. 12. 67, B. 28. 1. 70. Kl.: B5. B, Int. Kl.: D 01f 7/04. A.-Z.: 55311/67. Entspr. DOS 1812996.

JaP 27482/69. Spinnapparatur. Inh.: Chisso Corp. A. 3. 7. 67, B. 14. 11. 69 Kl.: 42A. A.-Z.: 42712/67.

SUP 260811 (Urheberschein). Verfahren zur kontinuierlichen Herstellung von Viskosecord. Erf.: *A. T. Serkov, V. K. Cvetkov, A. A. Putov, I. Z. Ejfer, I. P. Sacharov, V. V. Varaksin* u. *A. N. Savel'ev*. A. 31. 8. 68, B. 6. 1. 70. Int. Kl.: D 01d. A.-Z.: 1184092/28 – 12.

USP 3491418. Vorrichtung zum lokalisierten Recken von Fäden. Erf.: *Domenico Nicita, Paolo Parmeggiani* u. *Enrico Lucioni*. Inh.: Snia Viscosa Societa Nazionale Industria Applicazioni Viscosa S. p. A., Mailand (It). A. 9. 8. 66, B. 27. 1. 70. Kl.: 28 – 71, 3, Int. Kl.: D 02j 1/22. 9 Anspr. A.-Z.: 571295. Prior.: 11. 8. 65 (It; A.-Z.: 18275 – 65). Entspr. FrP 1489995.

DDP 71833. Tragkörper für Garne. Erf. u. Inh.: *Francesco Steffenini* (It). A. 22. 5. 68, B. 20. 3. 70. Kl.: 29a, 6/13, A.-Z.: AP 29a/132352.

JaP 27484/69. Thermoplastisches, synthetisches Multifilamentgarn. Inh.: Toyo Rayon Co. Ltd. A. 16. 5. 67, B. 14. 11. 69. Kl.: 42A. A.-Z.: 31031/67.

JaP 26427/69. Synthetischer Faden. Inh.: Toyo Rayon Co. Ltd. A. 1. 7. 65, B. 6. 11. 69. Kl.: 44A. A.-Z.: 38957/65.

SvP 320455. Vorrichtung an Maschinen, die zur Behandlung von aus thermoplastischem Material bestehenden Garn bestimmt sind, rotierbare Spindeln umfassend, sowie zum Beibringen einer sogenannten Falschdrehung im durch Erhitzen weichgemachten Zustand des Garns. Erf.: *A. Johnels*. Inh.: Kilsunds AB, Boras. A. 17. 9. 64, B. 9. 2. 70. Int. Kl.: D 02g 1/06. A.-Z.: 11152/64.

USP 3491409. Vorrichtung mit rotierenden Kugeln zum Deregistrieren von Kräuselungen. Erf.: *Donald Floyd Miller*. Inh.: E. I. du Pont de Nemours & Co., Wilmington, Del. A. 25. 1. 68, B. 27. 1. 70. Kl.: 19 – 65, Int. Kl.: D 01b 3/04. A.-Z.: 700613.

USP 3491420. Kräuseln von strangförmigem Material. Erf.: *Robert K. Stanley*. Inh.: Techniservice Corp., Kenneth Square, Pa. A. 17. 10. 67, B. 27. 1. 70. Kl.: 28 – 72, 14, Int. Kl.: D 02g 1/12. 5 Anspr. A.-Z.: 675919. Entspr. DOS 1803060.

SUP 261629 (Urheberschein). Anblasschacht für Maschinen zum Spinnen synthetischer Faserstoffe. Erf.: *O. V. Ponomarev, B. A. Gudovskij* u. *V. V. Erochin*. Anm.: Special'noe konstruktorsko-technologičeskoe bjuro mašin chimičeskich volokon. A. 30. 9. 68, B. 13. 1. 70. Int. Kl.: D 01d. A.-Z.: 1275082/28 – 12.

GBP 1181956. Verfahren zur Herstellung von gekräuselten konjugierten Spaltfaserstoffen. Inh.: Polymer Processing Research Institute Ltd. A. 28. 1. 69, B. 18. 2. 70. Kl.: B 5. B, Int. Kl.: D 01d 5/22. A.-Z.: 4616/69.

JaP 27489/69. Spaltfaden. Inh.: Teijin Ltd. A. 5. 12. 66, B. 14. 11. 69. Kl.: 42G. A.-Z.: 79741/66. Entspr. USP 3488941.

Klasse 29b. Chemische Gewinnung bzw. Herstellung von Spinnfasern und Fäden sowie ihre Präparation für die textile Weiterverarbeitung

DOS 1669466. Feuerfeste Fasern und Verfahren zum Herstellen derselben. Erf.: *Wendell Graydon Ekdahl*. Anm.: Johns-Manville Corp., New York, N. Y. (US). A. 11. 9. 67, O. 30. 10. 69. Kl.: 29b, 3/15. A.-Z.: P 1669466 (J 34545).

PoP 59833. Verfahren zur Erzeugung geschlossener Asbesterzeugnisse aus Asbestfaserdispersionen. Inh.: REKIX Asbestwerke Graf von Rex KG, Schwäbisch Hall (DB). A. 28. 11. 66. Kl.: 29b, 3/15. A.-Z.: 117629.

DOS 1494639. Verfahren zur Herstellung von Viskose-Flachfasern. Erf.: *Yoichi Kajitani*. Anm.: Kurashiki Rayon Co., Ltd., Kurashiki City (Ja). A. 10. 9. 63, O. 30. 10. 69. Kl.: 29b, 3/24. A.-Z.: P 1494639 (K 50780). Prior.: 10. 9. 62 (Ja; A.-Z.: 38878/62). Entspr. FrP 1368628, GBP 1037808 u. USP 3418405.

USP 3488344. Verfahren und Vorrichtung zur Herstellung von Chemiefaserstoffen sowie danach erhaltene Chemiefaserstoffe. Erf.: *Ferdinando Biffi, Erich Chesi* u. *Oreste Gallina*. Inh.: Bemberg S. p. A., Mailand (It). A. 3. 10. 67, B. 6. 1. 70. Kl.: 260 – 212, Int. Kl.: D 01f 3/04 u. D 01d 5/06. 12 Anspr. A.-Z.: 672637. Prior.: 7. 10. 66 (It; A.-Z.: 781821).

DOS 1494650. Polyamidische Verbundfäden mit verbesserter Kräuselfähigkeit. Erf.: *Isao Kimura*. Anm.: Kanegafuchi Boseki Kabushiki Kaisha, Tokio. A. 3. 8. 65, O. 30. 10. 69. Kl.: 29b, 3/60. A.-Z.: P 1494650 (K 56790).

GBP 1179436. Schraubenförmig gekräuselte Fäden. Inh.: Imperial Chemical Industries Ltd. A. 22. 5. 67, B. 28. 1. 70. Kl.: B 5. B, Int. Kl.: D 01f 7/04. A.-Z.: 23671/67. Entspr. FrP 1564427.

JaP 27485/69. Gekräuselte konjugierte Polyesterfäden. Inh.: Teijin Ltd. A. 1. 4. 67, B. 14. 11. 69. Kl.: 42D. A.-Z.: 20604/67.

JaP 28250/69. Hohles lineares Produkt. Inh.: Asahi Chem. Ind. Co. Ltd. A. 26. 10. 65, B. 21. 11. 69. Kl.: 42D. A.-Z.: 65242/65. Entspr. SzP 482844.

DOS 1669431. Verfahren zur Herstellung von Fäden aus sulfochlorierten Polyolefinen. Erf.: *Franz Landauer, Ernst Höroldt* u. *Claus Beermann*. Anm.: Farbwerke Hoechst AG. vorm. Meister Lucius & Brüning, 6230 Frankfurt-Höchst. A. 17. 8. 67, O. 23. 10. 69. Kl.: 29b, 3/65. A.-Z.: P 1669431 (F 53265).

DOS 1669437. Verfahren zur Herstellung von knick- und bruchfesten dehnbaren Monofilen auf der Basis von Polystyrol, insbesondere zur Herstellung schlitzfähiger Borsten. Erf. u. Anm.: *Peter Hahl* u. *Steffen Hahl*. 7932 Munderkingen. A. 23. 7. 66, O. 30. 10. 69. Kl.: 29b, 3/65. A.-Z.: P 1669437 (H 60038). Entspr. FrP 1532744.

DOS 1816045. Verfahren zum Regenerieren von Spinnbädern. Erf.: *Cesare Reni* u. *Luigi Lugo*. Anm.: Società Italiana Resine S. p. A., Mailand (It). A. 20. 12. 68, O. 16. 10. 69. Kl.: 29b, 3/65. A.-Z.: P 1816045. Prior.: 20. 12. 67 (It; A.-Z.: 24188 A – 67).

JaP 26974/69. Faden ohne „Pilling". Inh.: Toyo Rayon Co. Ltd. A. 21. 4. 66 B. 10. 11. 69. Kl.: 42D. A.-Z.: 24902/66.

JaP 27488/69. Konjugierte gekräuselte Acrylnitrilfaser. Inh.: Toyo Rayon Co. Ltd. A. 27. 12. 66, B. 14. 11. 69. Kl.: 42D. A.-Z.: 84837/66.

JaP 28252/69. Faserstoff aus Pfropfcopolymeren. Inh.: Kurashiki Rayon Co. Ltd. A. 15. 7. 65, B. 21. 11. 69. Kl.: 42D. A.-Z.: 42791/65.

JaP 28864/69. Gebauschter konjugierter Acrylfaserstoff. Inh.: Mitsubishi Rayon Co. Ltd. A. 8. 4. 64, B. 26. 11. 69. Kl.: 44A. A.-Z.: 19656/64.

SUP 263068 (Urheberschein). Verfahren zur Herstellung von Pfropfcopolymeren der Cellulose mit 1,2-Dimethyl-5-vinylpyridinium-methylsulfat. Erf.: *Z. A. Rogovin, M. O. Lišerskaja* u. *M. A. Tjuganova*. A. 9. 10. 68, B. 4. 2. 70. Kl.: 29b, 3/65. A.-Z.: 1276761/23 – 5.

USP 3491179. Herstellung von Polyacrylnitrilfaserstoffen. Erf.: *Suresh Natvarlal Chinai* u. *Louis Herman Schwind*. Inh.: American Cyanamid Co., Stamford, Conn. A. 3. 1. 67, B. 20. 1. 70. Kl.: 264 – 210, Int. Kl.: D 01d 5/12 u. D 01f 7/06. 7 Anspr. A.-Z.: 607015.

DOS 1669435. Verfahren zur Herstellung von Fäden und Folien aus Polybis(1,2,4-triazolen). Erf.: *Hans-Dieter Rupp, Ernst-Georg Worbs, Michael Wallrabenstein, Erhard Siggel, Gerhard Meyer* u. *Albert Schöpf*. Anm.: Glanzstoff AG, 5600 Wuppertal. A. 8. 4. 67, O. 30. 10. 69. Kl.: 29b, 3/70 u. 39b5, 49/00. A.-Z.: P 1669435 (G 49780). Entspr. OeP 279797, SzP 485872 u. FrP 1567327.

PoP 59749 Zus. z. Pat. 49968. Verfahren zur Erzeugung vollähnlicher Fäden aus mit Eiweiß modifiziertem Polyvinylalkohol. Erf.: *Marian Sobolewski, Włodzimierz Wronski, Bohdan Dawidowicz, Tadeusz Myszkowski, Zbigniew Rybicki* u. *Edmund Malinowski*. Inh.: Institut Włókien Sztucznych i Syntetycznych. Lódź (Po). A. 1. 12. 66, Kl.: 29b, 3/70.

GBP 1181727. Färbbare Polyolefinfäden. Inh.: Imperial Chemical Industries Ltd. A. 5. 7. 67, B. 18. 2. 70. Kl.: B 5. B, Int. Kl.: D 01f 7/06. A.-Z.: 30994/67.

JaP 28263/69. Verfahren zum Kräuseln. Inh.: Toyo Rayon Co. Ltd. A. 22. 12. 64, B. 21. 11. 69. Kl.: 44A. A.-Z.: 71946/64.

JaP 28850/69. Stabilisieren von Polypropylenfaserstoffen. Inh.: Mitsubishi Rayon Co. Ltd. A. 7. 9. 65, B. 26. 11. 69. Kl.: 42D. A.-Z.: 54786/65.

JaP 28851/69. Gekräuselter Polypropylenfaden. Inh.: Mitsubishi Rayon Co. Ltd. A. 1. 3. 66, B. 26. 11. 69. Kl.: 42D. A.-Z.: 12672/66.

JaP 28873/69. Verbesserung der Farbstoffaffinität von Polyolefin. Inh.: Mitsubishi Rayon K. K. A. 29. 3. 66, B. 26. 11. 69. Kl.: 48B. A.-Z.: 19523/66.

JaP 27517/69. Behandlung von methacrylatgepfropften PVA-Fasern. Inh.: Kurashiki Rayon K. K. A. 18. 11. 66, B. 14. 11. 69. Kl.: 48D. A.-Z.: 75851/66.

Klasse 32a, 37/00. Herstellung von Fasern oder Fäden aus flüssigem Glas, flüssigen Mineralien oder flüssiger Schlacke

PoP 59832. Spinnvorrichtung zur Erzeugung von Mineralwolle aus Mineralschmelze. Inh.: *Jan Jože, Ivan Pokorn* u. *Tomo Carič*, Skofka Loka (Ju). A. 7. 9. 67. Kl.: 32a, 37/00. A.-Z.: 122500.

USP 3492104. Vorrichtung zur Herstellung von Glasfaserstoffen. Erf.: *Hellmut I. Glaser*. Inh.: Owens-Corning Fiberglas Corp. A. 14. 2. 67, B. 27. 1. 70. Kl.: 65 – 11, Int. Kl.: C 03b 37/08. 19 Anspr. A.-Z.: 616051. Entspr. SzP 471046.

Klasse 32b, 25/00. Oberflächenbehandlung von Fasern oder Fäden aus Glas, Mineralien oder Schlacke

DOS 1494873. Verfahren zur Herstellung von Mineralwolle. Erf.: *Sigmund Engan*. Anm.: I/S Kähler & Co. A. 14. 3. 66, O. 30. 10. 69. Kl.: 32b, 25/02. A.-Z.: P 1494873 (I 30313). Prior.: 16. 3. 65 (Da; A.-Z.: 1319/65).

Klasse 39b. Makromolekulare Verbindungen: ihre Herstellung und chemische Verarbeitung; Massen auf der Grundlage derartiger Verbindungen

Klasse 39b3. Synthesekautschuk

USP 3492142. Verfahren zur Herstellung von oberflächenmodifizierten thermoplastischen Fasern und Fäden. Erf.: *John H. Sanders* u. *Rupert B Hurley*. Inh.: The Dow Chemical Co., Midland, Mich. A. 28. 6. 65, B. 27. 1. 70. Kl.: 117 – 9, Int. Kl.: C 08d 13/16 u. B 44d 1/07. 5 Anspr. A.-Z.: 469969.

Klasse 39b4. Polymerisationsprodukte

FrP 1586665. Bestimmte Salze von Azoameisensäuren, neue Verbindungen und Promotoren zur Vinylpolymerisation. Inh.: Wallace & Tiernan Inc. A. 26. 6. 68, B. 27. 2. 70. Int. Kl.: C 08f, C 07c. A.-Z.: 156640.

FrP 2006212. Copolymere äthylenartiger Verbindungen. Erf.: *J. A Waterman, I. Shaham* u. *L. M. Shorr*. Inh.: Israel Mining Industries Institute for Research and Development. A. 14. 4. 69, B. 30. 1. 70. Int. Kl.: C 08f 15/00 u. C 08f 1/00. A.-Z.: 6911420. Prior.: 14. 4. 68 (Is; A.-Z.: 29817).

FrP 2007375. Verfahren zur Herstellung von Polyvinylchlorid. Erf.: *C. Mazuolini, L. Patron, M. Di Ciolo, S. Lo Monaco* u. *A. Moretti*. Inh.: Chatillon Soc. An. Italiana per le Fibre Tessili Artificiali S. p. A. A. 1. 4. 69, B. 27. 2. 70. Int. Kl.: C 08f 1/00, B 01j 11/00, C 08f 3/00. A.-Z.: 6909857. Prior.: 3. 4. 68 u. 6. 5. 68 (It; A.-Z.: 14761 A/68 u. 16142 A/68).

FrP 2007884. Polymerisationskatalysatoren. Erf.: *E. Susa* u. *A. Mayr*. Inh.: Montecatini Edison S. p. A. A. 5. 5. 69, B. 6. 3. 70. Int. Kl.: B 01j 11/00 u. C 08f 1/00. A.-Z.: 6914189. Prior.: 6. 5. 68 (It; A.-Z.: 16141 A/68).

FrP 2008619. Verfahren zur Herstellung von Alkenpolymeren. Inh.: Stamicarbon N. V. A. 16. 5. 69, B. 13. 3. 70. Int. Kl.: C 08f 1/00. A.-Z.: 6915922. Prior.: 15. 5. 68 (Nd; A.-Z.: 6806890).

GBP 1178233 Zus. z. Pat. 941305. Dispersionspolymerisation. Inh.: Imperial Chemical Industries Ltd. A. 18. 2. 66, B. 21. 1. 70. Kl.: C 3. P, Int. Kl.: C 08f 1/04 u. 25/00. A.-Z.: 7275/66. Entspr. Frp 1511888.

SvP 320192. Verfahren zum Reinigen von Polypropylen von Katalysatorresten. Erf.: *E. Colombo*. Inh.: Ciba AG, Basel (Sz). A. 20. 3. 64, B. 2. 2. 70. Int. Kl.: C 08f 1/88. A.-Z.: 3262/64. Prior.: 21. 3. 63 (It; A.-Z.: 5766). Entspr. FrP 1386006 u. GBP 1056526.

USP 3492245. Eine Organoaluminiumverbindung, ein Wolframhexahalogenid und eine Verbindung der Formel ROH enthaltende Katalysatorkomposition. Erf.: *Nissim Calderon* u. *William Allen Judy*. Inh.: The Goodyear Tire & Rubber Co., Akron, Ohio. A. 14. 4. 66, B. 27. 1. 70. Kl.: 252 – 429, Int. Kl.: B 01j 11/00, 11/84 u. C 08f 1/28. 8 Anspr. A.-Z.: 542470. Entspr. FrP 1536208.

DOS 1520247. Verfahren zur Polymerisation von α-Olefinen. Erf.: *Giulio Natta, Paolo Longi, Giorgio Mazzanti* u. *Arnaldo Roggero*. Anm.: Montecatini Edison S. p. A., Mailand (It). A. 26. 1. 62, O. 23. 10. 69. Kl.: 39b4, 3/02. A.-Z.: P 1520247 (M 51572). Prior.: 30. 1. 61 (It; A.-Z.: 1524 – 61). Entspr. USP 3257370.

DAS 1520238. Verfahren zur Polymerisation von α-Olefinen. Erf.: *Alberto Alberti* u. *Renato Serra*. Anm.: Montecatini Edison S. p. A., Mailand (It). A. 4. 10. 61, B. 22. 1. 70. Kl.: 39b4, 3/02. A.-Z.: P 1520238 (M 50456). Prior.: 7. 10. 60 u. 29. 5. 61 (It; A.-Z.: 17410/60 u. 13507/61). A.-Z.: 17410/60 entspr. SzP 423258 u. GBP 946976.

DAS 1520783. Verfahren zum Aufarbeiten von Olefin-Polymerisatsuspensionen. Erf.: *Franciscus Johannes Fredericus van der Plas*. Anm.: Shell Internationale Research Maatschappij N. V., Den Haag (Nd). A. 30. 10. 62, B. 2. 1. 70. Kl.: 39b4, 3/02. A.-Z.: P 1520783 (S. 82251). Prior.: 1. 11. 61 (Nd; A.-Z.: 270917). Entspr. GBP 965327 u. USP 3296238.

JaP 27661/69. Kristallisierte Methacrylnitrilpolymere. Inh.: Mitsubishi Rayon Co. Ltd. A. 6. 8. 65, B. 17. 11. 69. Kl.: 26B. A.-Z.: 47419/65.

JaP 27746/69. Stereospezifische Polymerisation von α-Methylacrylnitril. Inh.: Mitsubishi Rayon Co. Ltd. A. 30. 12. 65, B. 17. 11. 69. Kl.: 26B. A.-Z.: 81488/65.

SUP 263877 (Urheberschein). Verfahren zur Herstellung von Styrolcompoundmassen. Erf.: *G. N. Petrov, L. Ja. Rappoport, P. A. Savinskij, L. A. Monachova, R. V. Molotkov, O. M. Levickaja, V. B. Golynkina, G. D. Kalinovskaja* u. *A. S. Vinogradova*. A. 25. 12. 68, B. 10. 2. 70. Int. Kl.: C 08f 19/06. A.-Z.: 1291855/23 – 5.

DAS 1745941. Verfahren zur Polymerisation von Propylen und/oder Buten-(1). Erf.: *Albert Gumboldt, Fritz Grafmüller* u. *Ernst Junghanns*. Anm.: Farbwerke Hoechst AG vorm. Meister Lucius & Brüning, 6230 Frankfurt-Hoechst. A. 16. 4. 60, B. 13. 11. 69. Kl.: 39b4, 15/04. A.-Z.: P 1745941 (F 31017). Entspr. GBP 979123.

FrP 2005255. Verfahren zur Herstellung von chlorierten Cotelomeren. Erf.: *D. Vofsi* u. *M. Asscher*. Inh.: Produits Chimiques Pechiney-Saint-Gobain, A. 28. 3. 69, B. 23. 1. 70. Int. Kl.: C 08f 1/00 u. C 08f 15/00. A.-Z.: 6909310. Prior.: 1. 4. 68 (Is; A.-Z.: 29736).

JaP 27900/69. Copolymere. Inh.: Sumitomo Chem. Co. Ltd. A. 22. 11. 66, B. 18. 11. 66. Kl.: 26B. A.-Z.: 76822/66. Entspr. FrP 1511138.

SvP 320794. Verfahren zur Herstellung von stabilen, wäßrigen Dispersionen aus ternärem Copolymerisat von Acrolein, Acrylnitril und Äthylacrylat. Erf.: *A. Deflorin* u. *A. Bresciani*. Inh.: Ciba S. A., Basel (Sz). A. 23. 3. 66, B. 16. 2. 70. Int. Kl.: C 08f 15/40. A.-Z.: 3832/66. Prior.: 24. 3. 65 (It; A.-Z.: 15136).

SvP 320500. Verfahren zur Herstellung eines faserbildenden Materials mit verbesserter Anfärbbarkeit für basische Farbstoffe. Erf.: T. *Mazzolini* u. *S. Lo Monaco*. Inh.: Monsanto Chemical Co., St. Louis, Mo. (US). A. 20. 2. 63, B. 9. 2. 70. Int. Kl.: C 08f 19/00. A.-Z.: 1876/63. Prior.: 23. 2. 62 (It; A.-Z.: 20773). Entspr. DAS 1222259.

DOS 1916058. Neue Polymerisatzusammensetzungen und ihre Herstellung. Erf.: *Jaques Watermann A., Ilan Shaham* u. *Shorr Leonard Marshall*. Anm.: Israel Mining Industries Institute for Research and Development, Haifa (Is). A. 28. 3. 69, O. 23. 10. 69. Kl.: 39b4, 25/00. A.-Z.: P 1916058. Prior.: 14. 4. 68 (Is; A.-Z.: 29817).

JaP 27738/69. Polyvinylacetal. Inh.: Kurashiki Rayon Co. Ltd. A. 14. 4. 66, B. 17. 11. 69. Kl.: 26B. A.-Z.: 23873/66.

SvP 320502 Zus. z. Pat. 223820. Verfahren zur Herstellung von vulkanisierten, Füllmittel enthaltenden, gesättigten, amorphen Copolymeren aus Äthylen und α-Olefinen. Erf.: *L. Falcone* u. *L. Torti*. Inh.: Montecatini Soc. Gen. per l'Industria Mineraria e Chimica, Mailand (It) A. 27. 4. 65, B. 9. 2. 70. Int. Kl.: C 08f 27/06. A.-Z.: 5482/65. Prior.: 28. 4. 64 (It; A.-Z.: 9248). Entspr. FrP 87834.

DOS 1469465. Schlichtemittel für Chemiefasern. Erf.: *Fritz Kollinsky, Helmut Moroff, Ernst Hei* u. *Hans Richter*. Anm.: Röhm & Haas GmbH, 6100 Darmstadt. A. 16. 1. 64, O. 30. 10. 69. Kl.: 39b4, 29/34. A.-Z.: P 1469465 (R 36988). Entspr. SzP 449972, FrP 1422418 u. GBP 1047099.

JaP 27462/69. Polyolefinharzkomposition. Inh.: Asahi Chem. Ind. Co. Ltd. A. 18. 6. 66, B. 14. 11. 69. Kl.: 25H. A.-Z.: 39153/66. Entspr. GBP 1145689.

JaP 27464/69. Stabilisierung von Polyolefinen. Inh.: Sankyo Co. Ltd. A. 12. 11. 66, B. 14. 11. 69. Kl.: 25H. A.-Z.: 74309/66. Entspr. FrP 1543873 u. GBP 1168515.

PoP 60105. Verfahren zur Gewinnung von Bleikomplexverbindungen zur Stabilisierung von PVC. Erf.: *Bronislaw Brach, Daniel Wawer, Jan Kolodziej, Dariusz Wróblewski* u. *Henryk Kús*. Inh.: Zaklady Chemiczne „Gamrat", Jaslo (Po). A. 31. 7. 68. Kl.: 39b4, 45/56. A.-Z.: 128408.

Klasse 39b5. Polykondensations- und Polyadditionsprodukte

USP 3492267 Zus. z. Pat. m. A.-Z.: 598612. A. 2. 12. 66, u. Pat. m. A.-Z.: 553637. A. 31. 5. 66. Stabilisieren von Polyvinylchlorid. Erf.: *Louis Leonard Wood*. Inh.: W. R. Grace & Co., New York, N. Y. A. 22. 7. 68, B. 27. 1. 70. Kl.: 260 – 45, 75, Int. Kl.: C 08g 45/62. 2 Anspr. A.-Z.: 746303. Entspr. FrP 1524717.

GBP 1181773. Verfahren zur Stabilisierung von Polyoxymethylenen. Inh.: Società Italiana Resine S. p. A. A. 6. 7. 68, B. 18. 2. 70. Kl.: C 3. P, Int. Kl.: C 08g 1/24. A.-Z.: 35911. Prior.: 1. 8. 67 (It; A.-Z.: 810849).

USP 3488323. Polyoxymethylencopolymere aus Trioxan und cyclischen Alkenylacetalen. Erf.: *Gianfranco Pregaglia, Giancarlo Pozzi* u. *Paolo Roffia*. Inh.: Montecatini Edison S. p. A., Mailand (It). A. 13. 5. 66, B. 6. 1. 70. Kl.: 260 – 73, Int. Kl.: C 08g 1/00. 2 Anspr. A.-Z.: 549800. Prior.: 14. 5. 65 (It; A.-Z.: 10890/65, ItP 760968). Entspr. FrP 1479169 u. GBP 1140215.

DAS 1300261. Verfahren zur Herstellung hochmolekularer linearer Polyester. Erf.: *Adolf Hartmann* u. *Peter Kresse*. Anm.: Farbwerke Hoechst AG vorm. Meister Lucius & Brüning, 6230 Frankfurt-Höchst. A. 31. 3. 62, B. 20. 11. 69. Kl.: 39b5, 17/013 (39b5, 53/14 u. 29b, 3/60). A.-Z.: P 1300261 (F 36442). Entspr. FrP 1352456, GBP 1016962 u. USP 3336264.

DAS 1595822. Verfahren zur Herstellung von Polyestern durch Polykondensation aromatischer Dicarbonsäurechloride mit zweiwertigen Phenolen. Erf.: *Vasily V. Korshak*, *Swetlana V. Vinogradova* u. *Vyacheslav A. Pankratov*. Anm.: Institut elementoorganicheskhikh soedineny AN USSR, Moskau (SU). A. 28. 1. 66, B. 11. 12. 69. Kl.: 39b5, 17/005. A.-Z.: P 1595822 (I 29940).

FrP 2006086. Verfahren und Vorrichtung zur kontinuierlichen Herstellung von Polyestern. Inh.: Snia Viscosa Società Nazionale Industria Applicazioni Viscosa. A. 11. 4. 69, B. 30. 1. 70. Int. Kl.: C 08g 17/00 u. C 08g 35/00. A.-Z.: 6911263. Prior.: 11. 4. 68 (It; A.-Z.: 15146 A/68).

GBP 1180044. Verfahren zur Polymerisation von β-Lactonen. Inh.: Shell Internationale Research Maatschappij N. V. A. 11. 9. 67, B. 4. 2. 70. Kl.: C 3. R, Int. Kl.: C 08g 17/017. A.-Z.: 41319/67. Entspr. FrP 1577945.

JaP 28597/69. Fäden, Filme und Folien. Inh.: Kanegafuchi Spinning Co. Ltd. A. 5. 9. 66, B. 24. 11. 69. Kl.: 25 H. A.-Z.: 58611/66.

USP 3491072. Verfahren zur Herstellung von Polyäthylenterephthalat unter Verwendung von Hydroxid-Direktveresterungskatalysatoren. Erf.: *John A. Price* u. *Robert P. Mervine*. Inh.: FMC Corp., Philadelphia, Pa. A. 15. 11. 66, B. 20. 1. 70. Kl.: 260 – 75, Int. Kl.: C 08g 17/003 u. 17/08. 8 Anspr. A.-Z.: 594416. Entspr. FrP 1544484 u. GBP 1144689.

DOS 1520676. Verfahren zur Herstellung von Polyamiden. Erf.: *Hermann Delius*. Anm.: Reichold-Albert-Chemie AG, 2000 Hamburg (DB). A. 7. 11. 63, O. 16. 10. 69. Kl.: 39b5, 20/26. A.-Z.: P 1520676 (R 36507). Entspr. SzP 473772 u. FrP 1420609.

DOS 1914006. Anionische Polymerisation von Lactamen. Erf.: *Johann Wilem Garritzen*, *Johannes Henricus Catharina Marie-Aimee Gregoire*, *Sebastian Elisabeth Maria Kooijman* u. *Henny Verbrugge*. Anm.: Stamicarbon N. V., Heerlen (Nd). A. 19. 3. 69, O. 9. 10. 69. Kl.: 39b5, 20/10. A.-Z.: P 1914006. Prior.: 21. 3. 68 u. 4. 12. 68 (Nd; A.-Z.: 6804056 u. 6817424). Entspr. FrP 2004434.

JaP 27752/69. Polymerisation von Lactam. Inh.: Ube Kosan Co. A. 17. 3. 66, B. 17. 11. 69. A.-Z.: 16143/66. Entspr. FrP 1514132 u. USP 3454537.

JaP 28315/69. Polymerisation von Lactamen. Inh.: Ube Kosan Co. Ltd. A. 20. 10. 65, B. 21. 11. 69. Kl.: 26C. A.-Z.: 63937/67.

USP 3488326. Anionische Polymerisation von Lactamen in zwei Stufen. Erf.: *Johannes van Beveren* u. *Johannes van Mourik*. Inh.: Stamicarbon N. V. A. 1. 11. 66, B. 6. 1. 70. Kl.: 260 – 68, Int. Kl.: C 08g 20/12 u. 20/18. 7 Anspr. A.-Z.: 591121. Prior.: 3. 11. 65 (Nd; A.-Z.: 6514207). Entspr. SzP 469041 u. FrP 1501153.

JaP 27675/69. Imid-Bindung enthaltendes Polymeres. Inh.: Nippon Rayon Co. Ltd. A. 30. 6. 65, B. 17. 11. 69. Kl.: 26D. A.-Z.: 39111/65.

JaP 28717/69. Polyesteräther mit hohem Polymerisationsgrad. Inh.: Asahi Chem. Ind. Co. Ltd. A. 21. 10. 66, B. 25. 11. 69. Kl.: 26D. A.-Z.: 68 959/66.

SvP 321572. Verfahren zur Herstellung eines Episulfidpolymeren in Ggw. eines Katalysators mit einer metallorganischen Verbindung. Erf.: *R. H. Gobran* u. *S. W. Osborn*. Inh.: Thiokol Chemical Corp., Bristol, Penn. (US). A. 27. 5. 64, B. 9. 3. 70. Int. Kl.: C 08g 23/00. A.-Z.: 6403/64.

DOS 1570674. Verfahren zur Herstellung von Polyätherestern. Erf.: *Erich Ruf*. Anm.: Th. Goldschmidt AG, 4300 Essen, A. 3. 7. 65, O. 9. 10. 69. Kl.: 39b5, 33/20. A.-Z.: P 1570674 (G 44068).

GBP 1180015. Verdampfen einer gasförmigen Komponente aus einer hochviskosen Flüssigkeit. Inh.: Algemene Kunstzijde Unie N. V. A. 25. 1. 67. B. 4. 2. 70. Kl.: B1. X, Int. Kl.: B 01f 7/04. A.-Z.: 3811/67. Prior.: 26. 1. 66 (Nd; A.-Z.: 6600964).

JaP 28599/69. Polyamidkomposition. Inh.: Toyo Rayon Co. Ltd. A. 5. 8. 66, B. 24. 11. 69. Kl.: 25H. A.-Z.: 51037/66. Entspr. FrP 1544032.

SvP 320809. Verfahren zur Verbesserung der Stabilität bei makromolekularen Formaldehydpolymeren sowie derartig stabilisierte Formaldehydpolymere. Erf.: *J. J. M. Evers* u. *J. W. H. Zup*. Inh.: Stamicarbon N. V., Heerlen (Nd). A. 8. 4. 63, B. 16. 2. 70. Int. Kl.: C 08g 51/60. A.-Z.: 3897/63. Prior.: 10. 4. 62 (Nd; A.-Z.: 277050). Entspr. DAS 1198064, SzP 414158, FrP 1353368, GBP 961007 u. USP 3330801.

USP 3491057. Mit stickstoffhaltigen Verbindungen stabilisierte gesättigte Polyester. Erf.: *Tadao Kato*, *Masana Yanagi*, *Yoshimitsu Ichikawa*, *Masayuki Ohosugi*, *Masao Hijiri*, *Tadao Tsutsumi* u. *Muneyoshi Minami*. Inh.: Toyo Rayon Kabushiki Kaisha, Tokio (Ja). A. 28. 6. 67, B. 20. 1. 70. Kl.: 260 – 45, 8, Int. Kl.: C 08g 51/60. 10 Anspr. A.-Z.: 649455. Prior.: 24. 9. 66 u. 5. 4. 67 (Ja; A.-Z.: 4162696 u. 4221375).

GBP 1179242. Siliciumorganische Verbindungen. Inh.: Midland Silicones Ltd. A. 7. 7. 66, B. 28. 1. 70. Kl.: C 3. S, Int. Kl.: C 07f 7/08. A.-Z.: 30600/66.

JaP 28086/69. Organozinnverbindungen. Inh.: Sekisui Chemical Ind. Co. Ltd. A. 17. 2. 65, B. 20. 11. 69. Kl.: 16B. A.-Z.: 9311/65.

Klasse 42k, 50. Textilprüfung. Verfahren, Vorrichtungen und Maschinen zum Prüfen von Fasern, Fäden, Garnen, Geweben auf ihre mechanischen und Festigkeitseigenschaften, auf Spannungen, mechanische Unregelmäßigkeiten, Drall (Drehung), Porosität

PoP 59983. Meß- und Übertragungsvorrichtung für die telemetrische Messung der dynamischen Spannungen des Schußfadens. Erf.: *Henryk Bargiel*, *Ireneusz Witkowski*, *Cezary Lichodziejewski* u. *Witold Kaleta*. Inh.: Instytut Włókiennictwa, Łódź (Po). A. 20. 3. 69. Kl.: 42k, 50. A.-Z.: 124261.

SUP 260949 (Urheberschein). Vorrichtung zur Entnahme von Fadenproben. Erf.: *V. I. Kaplan* u. *R. A. Martinkajtene*. Anm.: Litovskij naučno-issledovatel'skij institut tekstil'noj promyšlennosti. A. 19. 7. 68, B. 6. 1. 70. Int. Kl.: C 01n. A.-Z.: 1259354/28 – 12.

Klasse 55b. Verfahren zur Herstellung von Zellstoff, Zellstoffkocher, Wiedergewinnung der Ablauge und Abgase

USP 3490991. Kochung von Lignocellulosematerial mit einer Mercaptoverbindung und einem anorganischen Kochhilfsmittel. Erf.: *William E. Fisher* u. *Shibley A. Hider*. Inh.: Owens-Illinois Inc. A. 30. 12. 66, B. 20. 1. 70. Kl.: 162 – 76, Int. Kl.: D 21c 3/04, 3/02 u. 3/20. 17 Anspr. A.-Z.: 606025.

SUP 261903 (Urheberschein). Laufrad des Rührers einer Entladevorrichtung. Erf.: *B. M. Astamborskij*, *A. A. Novožilov* u. *E. E. Egorov*. Anm.: Central'nyj naučno-issledovatel'skij i proektnokonstruktorskij institut po proektirovaniju oborudovanija dlja celljulozno-bumažnoj promyšlennosti. A. 16. 6. 67, B. 13. 1. 70. Int. Kl.: D 21c. A.-Z.: 1165611/29 – 33.

SvP 319375. Verfahren zur Herstellung von Methanol und gleichzeitigen Rückgewinnung von Zellstoffherstellungschemikalien aus einer schwefelhaltigen Ablauge auf Natriumbasis. Erf.: *S. Prahacs*. Inh.: Pulp and Paper Research Institute of Canada, Montreal (Ca). A. 16. 8. 65, B. 12. 1. 70. Int. Kl.: D 21c 11/00. A.-Z.: 10686/65. Prior.: 17. 8. 64 (Ca; A.-Z.: 909646).

SvP 319962. Verfahren zur Deckung von Chemikalienverlusten und Regulierung der Sulfidität beim Aufschluß von cellulosehaltigem Material mit natrium- und schwefelhaltigen Lösungen. Erf.: *R. K. A. Brännland*, *P.-E. I. Alsefelt* u. *H. O. Gyllensten*. Inh.: Mo och Domsjö AB, Örnsköldsvik. A. 10. 5. 68, B. 26. 1. 70. Int. Kl.: D 21c 11/00. A.-Z.: 6377/68.

USP 3492198 Zus. z. Pat. m. A.-Z.: 400168. A. 29. 9. 64. Rückgewinnung von Wärme und Terpentin aus Zellstoffkochern. Erf. u. Inh.: *Curt F. Rosenblad*, c/o Rosenblad Corp., P. O. Box 585, Princeton, N. J. A. 18. 2. 65, B. 27. 1. 70. Kl.: 162 – 15, Int. Kl.: D 21c 11/06 u. 7/00. 5 Anspr. A.-Z.: 433548. A.-Z.: 400168 u. 433548 entspr. DOS 1517214 u. FrP 1449174.

FrP 1585277 (Aj.). Verfahren zur Herstellung von Papierzellstoffen aus Einjahrespflanzen. Inh.: Les Sucreries de Bourbon et Société fives lille cail. A. 18. 9. 68, B. 16. 1. 70. Int. Kl.: D 21c. A.-Z.: 166587.

Literaturschau

Auszug aus Lieferung 17 und 18/1970 der Referatekartei „Faserstoffe und Textiltechnik", zusammengestellt von der Abteilung Wissenschaftliches Berichtswesen des Instituts für Faserstoff-Forschung der DAW, 153 Teltow-Seehof, Kantstr. 55

I. Wissenschaftliche Grundlagen

Allgemeines

(Untersuchungsmethoden u. a.)

Endo, H., Nagasawa, M.: Normalspannung und Scherspannung in einer viskoelastischen Flüssigkeit bei oszillierender Scherungsströmung. J. Polymer Sci., A – 2: Polymer Physics **8** (1970) 3, S. 371 – 381.

Boltz, D. F., Mellon, M. G.: Lichtabsorptionsspektrometrie. Analytic. Chem. **42** (1970) 5, S. 152R – 168R.

Berggren, G., Šesták, J.: Differentialthermoanalyse. I. Einführung und allgemeine Anwendung. Chem. Listy, Praha (Chem. Bl.) **64** (1970) 6, S. 561 – 572.

Šesták, J., Berggren, G.: Differentialthermoanalyse. II. Enthalpie- und kinetische Messungen. Chem. Listy, Praha (Chem. Bl.) **64** (1970) 6, S. 695 – 714.

Hill, R. A.: Quantitative Thermoanalyse mit Hilfe der Differentialregistrierkalorimetrie. Proc. Soc. anal. Chem. **7** (1970) 8, S. 141 – 142.

Nicholson, R. S.: Polarographische Theorie, Geräte und Methoden. Analytic. Chem. **42** (1970) 5, S. 130R – 138R.

Walton, H.: Ionenaustausch. Analyt. Chem. **42** (1970) 5, S. 86R – 99R.

Physik und Chemie der Hochpolymeren

Bruns, W.: Monte-Carlo-Rechnungen an Makromolekülmodellen. 2. Mitt.: Quadratischer Mittelwert des Trägheitsradius und Expansionskoeffizient. Makromol. Chemie **134** (1970) S. 193 – 207.

Bohdanecký, M.: Die Huggins'schen Viskositätskonstanten von einigen linearen Polymeren in einer Reihe von Lösungsmitteln. Coll. czechoslov. chem. Commun. **35** (1970) 7, S. 1972 – 1990. (engl.)

Allan, G. G., Heogi, A. N.: Charakterisierung von Copolymeren durch die Oberflächenspannung. J. appl. Polymer Sci. **14** (1970) 4, S. 999 – 1005.

Rastogi, A. K., Pierre, L. E. St.: Grenzflächenerscheinungen bei makromolekularen Systemen. III. Freie Oberflächenenergie von Polyäthern. J. colloid interface Sci. **31** (1969) 2, S. 168 – 175.

Legrand, D. G., Gaines, G. I., jr.: Die Abhängigkeit der Oberflächenspannung von Polymeren von der relativen Molekülmasse. J. colloid. interface Sci. **31** (1969) 2, S. 162 – 167.

Munari, St., Teuldo, G. C., Canepa, G., Rossi, C.: Relative Molekülmasse des auf γ-vorbestrahltes Cellulosediacetat gepfropften Polystyrols. J. appl. Polymer Sci. **14** (1970) 3, S. 807 – 816.

Galin, J-C., Galin, M., Calme P.: Bis-trichloracetate der Polyoxyäthylenglykole. Anwendung zur genauen Bestimmung des Zahlenmittels der relativen Molekülmasse und als Synthesepartner. Makromol. Chemie **134** (1970) S. 273 – 285. (franz.)

Kaneko, K., Ishida, Sh.-i, Mizuno, T., Kuro, Y.: Beziehungen zwischen der Krümmung der Diffusionskurven und der Konzentrationsabhängigkeit des Diffusionskoeffizienten. Kobunshi Kagaku, Tokyo (Chem. High Polymers) **26** (1969) 288, S. 259 – 264. (jap.; engl. Zusammenfass.)

Scholte, Th. G.: Bestimmung der thermodynamischen Parameter von Polymer/Lösungsmittel-Systemen aus dem Sedimentations/Diffusions-Gleichgewicht in der Ultrazentrifuge. J. Polymer Sci., A – 2: Polymer Physics **8** (1970) 6, S. 841 – 868.

Fels, M., Huang, R. Y. M.: Bestimmung der Diffusionskoeffizienten von Flüssigkeiten bei Polymerfilmen durch ein Desorptionsverfahren. J. appl. Polymer Sci. **14** (1970) 3, S. 523 – 536.

Bruck, St. D., Liao, P. F.: Sorptionsverhalten von pyrolysierten organischen Polymeren in wäßrigen Lösungen. J. Polymer Sci., A – 1: Polymer Chem. **8** (1970) 3, S. 771 – 776.

Carter, V. B.: Polarisierte Ramanspektren von orientiertem Polyäthylen. J. mol. Spectroscopy **34** (1970) 2, S. 356–357.

Motegi, M., Moritani, M., Kawai, H.: Einfluß der Doppelbrechung auf die Lichtstreuung von gedehnten sphärolithischen Polymerfilmen. J. Polymer Sci., A–2: Polymer Physics **8** (1970) 4, S. 499–512.

Raciszewski, Z., Mullins, D. H.: Ultraviolett-Absorber. Die Schutzwirkung von aromatischen Nitroverbindungen bei weichgemachten Polyvinylchlorid. J. appl. Polymer Sci. **14** (1970) 4, S. 967–977.

Nikitina, O. A., Slovochotova, N. A., Kargin, V, A.: IR-spektroskopische Untersuchung von Strukturübergängen und Relaxationserscheinungen in Polymeren. Vysokomol. Soed. (Hochmol. Verbind.) Serie A **12** (1970) 7, S. 1514–1522.

Hama, Y., Shinohara, K.: Untersuchungen von γ- und UV-bestrahltem Polycarbonat durch Elektronenspinresonanz. J. Polymer Sci., A–1: Polymer Chem. **8** (1970) 3, S. 651–663.

Pittman, R., Tripp, V. W.: Magnetische Breitlinien-Protonenresonanzspektren einiger Cellulosepräparate. J. Polymer Sci., A–2: Polymer Physics **8** (1970) 6, S. 969–977.

van Brederode, R. A., Rodriguez, F.: Gelbildung von Polyäthylenoxidlösungen durch Gammastrahlung. Einfluß der relativen Molekülmasse und der Bestrahlungsbedingungen. J. appl. Polymer Sci. **14** (1970) 4, S. 979–987.

Nomura, Sh., Kawai, H., Kimura, I., Kagiyama, M.: Allgemeine Beschreibung von Orientierungsverteilungsfunktion in eine Reihe von harmonischen Kugelfunktionen. J. Polymer Sci., A–2: Polymer Physics **8** (1970) 3, S. 383–400.

Shii, H., Ishiwaka, K.: Mosaikstruktur von Polypropylen-Einkristallen. Makromol. Chemie **135** (1970) S. 275–278.

Kim, I. N., Sajdaliev, T., Sadovnikova, V. I., Tašpulatov, Ju. T., Gefurov, T. G., Usmanov, Ch. U.: Über einige Strukturuntersuchungen an hochsubstituierten Cyanäthyläthern der Cellulose. Vysokomol. Soed. (Hochmol. Verbind.) Serie A **12** (1970) 7, S. 1550–1554.

Brusencova, V. G., Vasilevskaja, L. P., Bakeeva, N. F.: Über die Erhaltung der Orientierung in der Polyäthylenschmelze. Vysokomol. Soed. (Hochmol. Verbind.) Serie B: Kratkie Soobšč. (Kurzmitt.) **12** (1970) 7, S. 490 bis 491.

Perepečko, I. I., Kračeva, L. A.: Über den anomalen Einfluß der Strukturbesonderheiten von Polyäthylen auf seine viskoelastischen Eigenschaften bei tiefen Temperaturen. Vysokomol. Soed. (Hochmol. Verbind.) Serie B: Kratkie Soobšč. (Kurzmitt.) **12** (1970) 7, S. 484–485.

Shultz, A. R.: Ungestörte Abmessungen von Poly(2-methyl-6-phenyl-1,4-phenylenoxid)- und Poly(2,6-diphenyl-1,4-phenylenoxid)-Ketten. J. Polymer Sci., A–2: Polymer Physics **8** (1970) 6, S. 883–891.

Faršjan, G. S., Baranov, V. G., Frenkel', S. Ja.: Bildung von Sphärolithen in einachsig gereckter Polyäthylenschmelze. Vysokomol. Soed. (Hochmol. Verbind.) Serie A **12** (1970) 7, S. 1574–1580.

Kovarskij, A. L., Vasserman, A. M., Bučačenko, A. D.: Anwendung einer paramagnetischen Sonde für die Untersuchung des „Auftauens" der Segmentbewegungen in Polymeren. Dokl. Akad. Nauk SSSR (Ber. Akad. Wiss. UdSSR) **193** (1970) 1, S. 132–134.

Devoy, C., Mandelkern, L., Bourland, L.: Kristallisationskinetik von verdünnten Polyäthylenlösungen. J. Polymer Sci., A–2: Polymer Physics **8** (1970) 6, S. 869–882.

Patrikeev, G. A.: Studium der elastischen Verformungen von Makromolekülen bei der Schrumpfung von einachsig gedehnten Polymeren. Dokl. Akad. Nauk SSSR (Ber. Akad. Wiss. UdSSR) **193** (1970) 1, S. 135–138.

Knopov, V. M., Kuksenko, V. S., Slucker, A. I.: Einfluß der Bildung submikroskopischer Risse auf die Relaxationserscheinungen in Polymeren. Mech. Polimerov, Riga (Mech. der Polymeren) **6** (1970) 3, S. 387–392.

Horsma, D. A.: Messungen der Relaxationsspektren von Schmelzen nichtweichgemachtem Polyvinylchlorids. J. Polymer Sci., A–2: Polymer Physics **8** (1970) 6, S. 979–990.

Fajtel'son, L. A., Leonov, A. I., Ciprin, M. G.: Periodische Deformation und viskoses Fließen von Polymerlösungen und -schmelzen. 3. Mitt. Mech. Polimerov, Riga (Mech. der Polymeren) **6** (1970) 3, S. 521–529.

Mjasnikov, V. R., Rjabov, A. V., Pavlikova, L. I., Emel'janov, D. N., Trapeznikov, A. A.: Über die Strukturierung und das Auftreten der Schubfestigkeit bei Deformation von Lösungen der Polymethacrylsäure bzw. des Methacrylsäure/N.N-Diäthylaminoäthylmethacrylat-Copolymeren. Vysokomol. Soed. (Hochmol. Verbind.) Serie A **12** (1970) 7, S. 1631–1635.

Korol', Ju. A., Davydova, T. M., Bočarnikov, V. K., Panšin, B. I.: Bestimmung der Grenze der erzwungenen Elastizität von Plasten unter nichtisothermen Bedingungen. Plast. Massy, Moskva (Plast. Massen) (1970) 7, S. 68–70.

Novikov, N. P., Samsonov, S. A., Saluen'ja, S. S., Judon, Ju. I.: Zerstörung von Polymethylmethacrylat bei allseitiger Kompression unter Einwirkung einer Laserstrahlung. Mech. Polimerov, Riga (Mech. der Polymeren) **6** (1970) 3, S. 499–452.

Sakamoto, M., Takeda, J., Yamada, Y., Tonami, H.: Reversible Vernetzung von Cellulose. II. Mono- und bifunktionelle Reaktionen von Bis-β-isocyanatäthyldisulfid mit Baumwolle. J. appl. Polymer Sci. **14** (1970) 4, S. 865–878.

Penczek, St.: Einige Folgerungen zur Kinetik und Mechanik der Kettenübertragung zum Polymeren bei der kationischen Polymerisation von cyclischen Äthern und Acetalen. Makromol. Chemie **134** (1970) S. 299 bis 304 (engl.).

Waldman, N., Beyer, G. H., Griskey, R. G.: Dilatometrische Untersuchung des Schmelzpunktes von drei unter hohem Druck kristallisierten Proben von Polyäthylen Marlex. J. appl. Polymer Sci. **14** (1970) 3, S. 681–684.

Sičkar', V. P., Vajsberg, S. E., Karpov, V. L.: Zur Frage der Photoleitfähigkeit von Polyäthylen. Vysokomol. Soed. (Hochmol. Verbind.) Serie B: Kratkie Soobšč. (Kurzmitt.) **12** (1970) 7, S. 508–509.

Kamogawa, H.: Elektrolytische Oxydation von Poly-m-N,N-dimethylaminostyrol. J. Polymer Sci., B: Polymer Letters **8** (1970) 2, S. 127–130.

Varencova, N. V., Domkin, V. S., Petrenko, V. A.: Gesetzmäßigkeiten der elektrischen Alterung von Cyanäthylcellulose. Vysokomol. Soed. (Hochmol. Verbind.) Serie B: Kratkie Soobšč. (Kurzmitt.) **12** (1970) 7, S. 535 bis 537.

Lee, W. A.: Berechnung der Einfriertemperatur von Polymeren. Teil I. Homopolymere und Copolymere mit Alkylseitenketten. J. Polymer Sci., A–2: Polymer Physics **8** (1970) 4, S. 555–570.

Panajotov, I. M., Cvetanov, Ch. B., Berlinova, I. V., Veličkova, R. S. (Schreibw. i. Orig.: *Panayotov, I. M., Tsvetanov, Ch. B., Velichkova, R. S.*): Alkalimetall-Lösungen in organischen Lösungsmitteln in Gegenwart von Polyäthylenoxid. Makromol. Chemie **134** (1970) S. 313–316. (engl.).

Wirick, M. G., Waldman, M. H.: Einige Lösungseigenschaften von fraktionierter wasserlöslicher Hydroxypropylcellulose. J. appl. Polymer Sci. **14** (1970) 3, S. 579–597.

Phillips, P. J., MacKnight, W. J.: Mechanische und thermische Eigenschaften von phosphoryliertem Polyäthylen. J. Polymer Sci., B: Polymer Letters **8** (1970) 2, S. 87–94.

Meyerhoff, G.: Anwendung der Gelchromatographie auf Cellulosenitrate. Makromol. Chemie **134** (1970) S. 129–138.

Casper, R. H., Schulz, G. V.: Phasenverteilungschromatographie von Polystyrol. J. Polymer Sci., A–2: Polymer Physics **8** (1970) 6, S. 833–839.

Kamide, K., Sugamiya, K., Ogawa, T., Nakayama, C., Baba, N.: Experimentelle Verifizierung von Einflüssen der Bedingungen bei der Fällungsfraktionierung auf die Verteilung der relativen Molekülmasse der ersten Fraktion mittels eines ataktischen Polystyrol/Methylcyclohexan-Systems. Makromol. Chemie **135** (1970) S. 23–33. (engl.)

Kreškov, A. P., Emelin, E. A., Šnajder, N. G.: Bestimmung der gebundenen Schwefelsäure in Celluloseestern. Plast. Massy, Moskva (Plast. Massen) (1970) 7, S. 59–61.

Robertson, A. A.: Wechselwirkung von Flüssigkeiten mit Cellulose. Tappi, New York **53** (1970) 7, S. 1331–1339.

Arisawa, K., Porter, R. S.: Der Abbau von Polystyrol während des Extrudierens. J. appl. Polymer Sci. **14** (1970) 4, S. 879–896.

Yamaura, K., Matsuzawa, Sh., Go, Y.: Untersuchungen der mechanischen Denaturierung von Hochpolymerlösungen. XIV. Beziehung zwischen Polyvinylalkohol/Jod-Reaktion und mechanischer Denaturierung. Kobunshi Kagaku, Tokyo (Chem. High Polymers) **26** (1969) 288, S. 265–270.

McGregor, R., Harris, P. W.: Die Sorption von Ionen durch Polyamide. J. appl. Polymer Sci. **14** (1970) 3, S. 513–522.

Peyroche, J., Laputte, R., Guyot, A.: Über die katalytischen Systeme $TiCl_4/AlR_3$. IV. Festkörperbildung bei tiefer Temperatur. Makromol. Chemie **136** (1970) S. 11–22. (franz.).

Vercholancev, V. V.: Über einige Besonderheiten des Verhaltens von nichtkoaleszierenden Latices bei ihrer Entwässerung. Kolloid. Ž., Moskva **32** (1970) 4, S. 499–501.

Dyer, E., Dunbar, R. A.: Phosphorhaltige Polyurethane. J. Polymer Sci., A–1: Polymer Chem. **8** (1970) 3, S. 629–640.

Physik und Chemie der Monomeren und Oligomeren

Zalewska, J.: Herstellungsverfahren von ε-Caprolactam. Polimery, Warszawa **15** (1970) 4, S. 161–165.

Lipatov, Ju. S., Panov, Ju. N., Suško, L. M., Frenkel', S. Ja.: Antithixotropie in oligomeren Systemen. Vysokomol. Soed. (Hochmol. Verbind.) Serie B: Kratkie Soobšč. (Kurzmitt.) **12** (1970) 7, S. 500–503.

Nishihara, K.: Oligomerisation von Styrol durch Trichloracetylchlorid. Makromol. Chemie **136** (1970) S. 201–210 (engl.).

Iwata, K., Iwakura, Y.: Synthese und Gesichtspunkte zur Konformation von optisch aktiven Oligo-1-methyläthylenurethanen (L-Form) und Oligo-1-benzyläthylenurethanen (L-Form). Oligourethane. IX. Bestimmung der Schmelzwärme von optisch aktiven Oligo-1-isopropyläthylenurethanen (L-Form) und Oligo-1-isobutyläthylenurethanen (L-Form). Oligourethane. X. Makromol. Chemie **135** (1970) S. 165–173; **134** (1970) S. 321–325.

Polymerisation

Kumata, Y., Furukawa, J.: Der Einfluß der Alterung eines Katalysators auf eine asymmetrische selektive Polymerisation. Makromol. Chemie **134** (1970) S. 317–319 (engl.).

MacRitchie, F.: Mechanismus der Grenzflächenpolykondensation. Trans-Faraday Soc. **65**, Teil 9 (1969) 561. S. 2503–2507.

Ogiwara, Y., Kubota, H.: Pfropfcopolymerisation auf Cellulose. Einfluß von Natriumthiosulfat auf Wasserstoffperoxid-Initiatorsystem. J. Polymer Sci. **14** (1970) 3, S. 817–825.

Asahara, T.: Polykondensation von ω-Aminoalkylaminosäureestern. Makromol. Chemie **136** (1970) S. 211–219 (engl.).

Hovenkamp, S. G., Munting, J. P.: Bildung von Diäthylenglykol als Nebenreaktion während der Herstellung von Polyäthylenterephthalat. J. Polymer Sci., A–1: Polymer Chem. **8** (1970) 3, S. 679–682.

Terney, S., Keating, J., Zielinskij, J., Hakala, J., Scheffer, H.: Polyamidimide. J. Polymer Sci., A–1: Polymer Chem. **8** (1970) 3, S. 683–692.

Camino, G., Guaita, M., Trossarelli, L.: Kettenwachstum bei der durch Basen initiierten Wasserstoffübertragungspolymerisation von Acrylamid zu Poly-β-alanin. Makromol. Chemie **136** (1970) S. 155–159 (engl.).

Guéniffey, H., Kämmerer, H., Pinazzi, Chr. P.: Die anionische Polymerisation von Methacrylsäure-p-kresylester. Makromol. Chemie **136** (1970) S. 173–178.

Aoki, Sh., Akimoto, A., Shirafuji, Ch., Otsu, T.: Metallhaltige Initiatorsysteme. XXIII. Einfluß von Lösungsmitteln auf die radikalische Polymerisation von Methylmethacrylat bei Start mit Metall-Alkylhalogenid-Systemen. J. Polymer Sci., A–1: Polymer Chem. **8** (1970) 3, S. 785–788.

Ogiwara, Y., Uchiyama, M.: Pfropfcopolymerisation von Methylmethacrylat auf Polyvinylalkohol durch Initiierung mit dem System Eisenionen/Wasserstoffperoxid. J. Polymer Sci., A–1: Polymer Chem. **8** (1970) 3, S. 641–650.

Kunitake, T., Aso, Ch.: Ein Vorschlag für den sterischen Verlauf des Wachstums bei der homogenen kationischen Polymerisation von Vinylmonomeren und verwandten Monomeren. J. Polymer Sci., A–1: Polymer Chem. **8** (1970) 3, S. 665–678.

Yamamoto, A., Shimizu, T., Ikeda, S.: Polymerisation von Vinylmonomeren mit Hilfe von Alkyleisen- und Alkylkobalt-Komplexen. Makromol. Chemie **136** (1970) S. 297–302 (engl.).

Takahashi, S., Takemoto, K., Imoto, M.: Vinylpolymerisation. 250. Copolymerisation von Vinylchlorid mit Vinylencarbonat. Kobunshi Kagaku, Tokyo (Chem. High Polymers) **27** (1970) 299, S. 156–160 (jap., engl. Zusammenfass.).

Vlasov, A. V., Komarova, L. I., Koršak, V. V., Malachova, L. I., Micheleva, G. A., Cetlin, B. L., Šablygin, M. V.: Herstellung von mehrfach gepfropften Polymerstoffen (Pemosoren) durch strahlungsinduzierte Polymerisation aus der Gasphase. Dokl. Akad. Nauk SSSR (Ber. Akad. Wiss. UdSSR) **193** (1970) 3, S. 615–617.

Nikitina, T. S., Chodžemirova, L. K., Pravednikov, A. N.: Über die Möglichkeit einer Modifizierung von fluorhaltigen Polymeren mit Hilfe von lithiumorganischen Verbindungen. Dokl. Akad. Nauk SSSR (Ber. Akad. Wiss. UdSSR) **193** (1970) 2, S. 389–392.

Yokota, K., Takada, Y.: Cyclopolymerisation von o-Allylstyrol und o-Alkylmethylstyrol. Kobunshi Kagaku, Tokyo (Chem. High Polymers) 26 (1969) 288, S. 317–325 (jap.; engl. Zusammenfass.).

Vil'šanskij, V. A., Juržénko, A. I., Kiričenko, I. N.: Untersuchung der Initiierungsgeschwindigkeit der Polymerisation von Styrol in einer mit Nikotinsäure-1-octadecylamid-bromid stabilisierten Emulsion. Vysokomol. Soed. (Hochmol. Verbind.) Serie B: Kratkie Soobšč. (Kurzmitt.) **12** (1970) 7, S. 519–523.

Pasika, W. M., Chen, Sh.-P.: Kationische Polymerisation von α-Methylstyroloxid. J. Polymer Sci., A–1: Polymer Chem. **8** (1970) 3, S. 577–582.

Pietila, H., Sivola, A., Scheffer, H.: Kationische Polymerisation von β-Pinen, Styrol und α-Methylstyrol. J. Polmyer Sci., A–1: Polymer Chem. **8** (1970) 3, S. 727–737.

Ikemura, T.: Die Pfropfcopolymerisation von Alkylenoxid auf Polymere mit funktionellen Gruppen. Kobunshi Kagaku, Tokyo (Chem. High Polymers) **26** (1969) 288, S. 306–310 (jap.; engl. Zusammenfass.).

Takahashi, T.: Polymerisation von Vinylcyclopropanen. IV. Radikalische Copolymerisation von 1,1-Dichlor-2-vinylcyclopropan mit Maleinhydrid. V. Radikalische Copolymerisation von 1,1-Dichlor-2-vinylcyclopropan mit monosubstituierten Äthylenen. J. Polymer Sci., A–1: Polymer Chem. 8 (1970) 3, S. 617–627; 739–749.

Kozlova, N. V., Kirillov, A. I., Šilov, G. I., Šarikova, L. I.: Polymerisation von Vinylchlorid in Polyvinylalkohollösung. Plast. Massy, Moskva (Plast. Massen) (1970) 7, S. 5–7.

Blumstein, A., Blumstein, R., Vanderspurt, Th. H.: Polymerisation von adsorbierten monomolekularen Schichten. IV. Die zweidimensionale Struktur von Insertions-Polymeren. J. colloid interface Sci. **31** (1969) 2, S. 236 bis 247.

Yamashita, Y., Kozawa, Sh., Chiba, K., Okada, M.: Versuch zur Copolymerisation von 1.3-Dioxolan mit Tetrahydrofuran durch Triäthyloxoniumtetrafluoroborat. Makromol. Chemie **135** (1970) S. 75–86.

Aso, Ch., Kunitake, T., Shinsenji, M.: Polymerisation von Acrylnitril bei Start durch Wasserstoffentzug. J. Polymer Sci., A–1: Polymer Chem. 8 (1970) 3, S. 797–799.

Bero, M., Rosner, T.: Polymerisationskinetik von Acrylnitril in wäßriger Lösung. Makromol. Chemie **136** (1970) S. 1–10.

Yoshikawa, T., Kumanotani, Ju.: Oxydative Kupplungspolymerisation von Bisphenolen. Makromol. Chemie **134** (1970) S. 33–39 (engl.).

Grosius, P., Gallot, Y., Skoulios, A.: Polyvinyl-2-pyridin/Polyvinyl-4-pyridin-Blockcopolymerisate: Synthese, Charakterisierung und Untersuchung der mesomorphen Phasen. Makromol. Chemie **136** (1970) S. 191 bis 200 (franz.).

Aso, Ch., Kunitake, T., Khattak, R. Kh., Sugi, N.: Untersuchungen über die Polymerisation von bifunktionellen Monomeren. XX. Cyclopolymerisation von 1.2-Divinylhexan. Makromol. Chemie **134** (1960) S. 147–157 (engl.).

Solomon, O. F., Dimonie, M., Ciuciu, C.: Kationische Pfropfcopolymerisation von N-Vinylcarbazol auf Polyvinylchlorid. J. Polymer Sci., A–1: Polymer Chem. 8 (1970) 3, S. 777–782.

Sonderfragen

Hallas, G., Grocock, D. E., Hepworth, J. D.: Sterische und elektronische Effekte bei basischen Farbstoffen. I. Elektronenabsorptionsspektren von Trifluormethylgruppen im Phenylring enthaltenden Derivaten des Malachitgrüns. J. Soc. Dyers Colourists **86** (1970) 5, S. 200–202.

Hildebrand, D.: Zum Mechanismus des Färbens mit Reaktivfarbstoffen. Textil-Praxis **25** (1970) 7, S. 428–430.

II. Faserstoffe. Ausgangsstoffe usw.

Seidl, R. H.: Fasern für die Welt von morgen. Allg. prakt. Chemie, Wien **21** (1970) 5, S. 171–172.

Tieffärbende Viskosefaserstoffe öffnen die Tür zur Wolltextilindustrie. Textile Month (1970) 3, S. 96.

Naturfaserstoffe

Pflanzliche Faserstoffe

Detken, K.: Baumwollanbau im Sudan. Textil-Praxis **25** (1970) 7, S. 385 bis 387.

Chemiefaserstoffe

Cellulose und Zellstoff

Nowakowski, J.: Untersuchung des Zweistufensulfitaufschlusses von Kiefernholz. II. Einfluß der Kochbedingungen auf die Zellstoffeigenschaften. Przegl. papierniczy **24** (1970) 5 (316), S. 159–164.

Nolan, W. J.: Aufschluß von Pinus elliottii mit Natriumsulfit und Sulfit/Bisulfit-Kochsäuren. Tappi, New York **53** (1970) 7, S. 1309–1315.

Simionescu, Cr., Grigoras, M., Cernătescu-Asandei, A.: Rozmarin, Gh.: Chemische Untersuchung des Pappelholzes aus SR Rumänien. III. Normalholz und Reaktionsholz. Celuloză şi Hirtie, Bucureşti (Cellulose u. Papier) **19** (1970) 6, S. 193–196.

Henriksen, A., Kesler, R. B.: Die Nu-Zahl, ein Maß für den Ligningehalt von Zellstoff. Tappi, New York **53** (1970) 6, S. 1131–1140.

Kosaja, G. S., Čečurina, Z. N., Mirlan, D. L., Laguseva, M. T.: Sulfatzellstoff für die Acetylierung. Bumaž. Prom. (Papier-Ind.) (1970) 7, S. 3–4.

Synthetische Faserstoffe

Masamoto, J., Sasaguri, K., Ohizumi, Ch., Yamaguchi, K., Kobayashi, H.: Ein neuer synthetischer Faserstoff aus Polyamid 3. J. appl. Polymer Sci. **14** (1970) 3, S. 667–680.

Noguchi, J.: Die Gegenwart und die Zukunft von Poly-α-aminosäurefaserstoffen. Kobunshi Kagaku, Tokyo (Chem. High Polymers) **27** (1970) 299, S. 145–155 (jap.; engl. Zusammenfass.).

Künstliche mineralische Faserstoffe

Hansmann, J.: Glas und Glasfaservliese. Textil-Praxis **25** (1970) 7, S. 396 bis 399.

Ausgangsstoffe. Schaumstoffe. Kautschuk

Nikitjn, E. G., Marusenko, V. V.: Schrumpfung von Polyolefinen beim Spritzgießen. Plast. Massy, Moskva (Plast. Massen) (1970) 7, S. 32–34.

Pomogajlo, A. D., Krestel'man, N. Ja., Šaprovalov, Ju. I., Matkovskij, P. E.: Einfluß der Füllstoffe auf einige Eigenschaften von Hart-Polyvinylchlorid. Plast. Massy, Moskva (Plast. Massen) (1970) 7, S. 35–37.

III. Fäden-Herstellungstechnologien

Spinnerei. Zwirnerei

Spinnereivorbereitung

Teilautomatisierter Spinnprozeß bei Verarbeitung von Synthetiks. Internat. Textil-Bull., Zürich Weltausgabe: Spinnerei (1970) 2, S. 132, 135.

Kruszewski, T.: Beurteilung der technologischen Brauchbarkeit einheimischer steifer und halbsteifer Beschläge für Walzenkrempeln in der Baumwollindustrie. Przegl. włókienn. (Textil-Rdsch.) **24** (1970) 6, S. 271–277.

Derjagin, Ju. V.: Über die vergleichsmäßigende Fähigkeit einer Walzenkrempel. Izv. vysšich uč. Zav. Technol. tekstil. Prom. (Hochschulnachr. Technol. Textil-Ind.) (1970) 2, S. 47–51.

Boute, E.: Untersuchung der Flachsbleiche. Einfluß des Röstens. Bull. Inst. Textile France **24** (1970) 148, S. 443–464.

Spinnerei

Kacman, M. B. (Schreibw. i. Orig.: *Kazman, M. B.*): Durch Vereinigung effektiver! Tekstil. Prom., Moskva (Textil-Ind.) (1970) 2, S. 3–5. Ref.: Presse der SU, Ausg. A, Berlin (1970) 101, S. 15–16.

Ein neuartiges Spinnverfahren hoher Produktivität. Spinner, Weber, Textilveredlung **88** (1970) 8, S. 776.

Aristov, P. I., Orlova, Z. M.: Entwicklung von Theorie und Praxis der Spinnereiproduktion durch sowjetische Wissenschaftler. Izv. vysšich uč. Zav. Technol. tekstil. Prom. (Hochschulnachr. Technol. Textil-Ind.) (1970) 2, S. 37–42.

Schenkel, E.: Einige Gedanken zur neueren Entwicklung der Umformung von Fasern zu Fäden. Melliand Textilber. internat. **51** (1970) 8, S. 865 bis 871.

Zwirnerei

Das „Selbst-Zwirn-Verfahren" bringt Garn neuer Charakteristik. Internat. Textil-Bull., Zürich Weltausgabe: Spinnerei (1970) 2, S. 126.

Erzeugnisse der Spinnerei und Zwirnerei

Wegener, W., Guse, R.: Die Leistungsdichtespektren simulierter Faserverbände. Textil-Praxis **25** (1970) 7, S. 405–409.

IV. Flächengebilde-Herstellungstechnologien

NRDC sucht Maschinenbaufirma für Strickwebmaschine. Textile Month (1970) 3, S. 73–74.

Abke, F., Satlow, G.: Prüfverfahren zur Bestimmung des elektrostatischen Verhaltens textiler Fußbodenbeläge. Textilindustrie, Mönchengladbach **72** (1970) 8, S. 618–621.

Materialvorbereitung

Fatdachov, R. M.: Einer der Faktoren für die Ungleichmäßigkeit der Fadenlänge auf Kegelspulen. Izv. vysšich uč. Zav. Technol. tekstil. Prom. (Hochschulnachr. Technol. Textil-Ind.) (1970) 2, S. 71–74.

Großstrangsystem jetzt für das Spinnen feiner Nummern verfügbar. Textile Month (1970) 3, S. 63, 64, 66.

Weberei

Gordeev, V. A. u. a.: Entwicklung von Theorie und Praxis der Webprozesse. Izv. vysšich. uč. Zav. Technol. tekstil. Prom. (Hochschulnachr. Technol. Textil-Ind.) (1970) 2, S. 60–66.

Lichtenberg, E.: Die Verwirklichung der künstlerischen Idee zum fertigen Jacquardgewebe unter kritischer Betrachtung neuer Wege. Textilindustrie. Mönchengladbach **72** (1970) 8, S. 635–638.

Erzeugnisse der Weberei

Rozanov, F. M., Korsakova, V. B.: Bildung von Mantelgeweben der Drapgruppe. Izv. vysšich uč. Zav. Technol. tekstil. Prom. (Hochschulnachr. Technol. Textil-Ind.) (1970) 2, S. 75–78.

Wirkerei und Strickerei. Konfektionstechnik. Sonstige Technologien

Amerikanisch/westdeutsche Zusammenarbeit bei neuartiger Kettenwirkmaschine. Textile Month (1970) 3, S. 59, 60, 62.

Wirkerei- und Strickerei-Technologie

Weber, K.-P.: Die Kettenwirkerei. Technologische und bindungstechnische Grundlagen sowie Mustereinrichtungen. Melliand Textilber. internat. **51** (1970) 8, S. 907–916.

Majcherek, Z.: Herstellung von wenig dehnbaren Wirkwaren auf Raschelmaschinen. Przegl. włókienn. (Textil-Rdsch.) **24** (1970) 6, S. 265–267.

Allgemeiner Überblick über die Doppeljerseyindustrie. Textile Month (1970) 3, S. 103–104.

Konfektion

Nestler, R.: Das Drehmomentverhalten von Industrie-Nähmaschinen. Teil 2. Verbesserung des Drehmomentverhaltens. Faserforsch. u. Textiltechnik **21** (1970) S. 383–388.

Textilverbundstoffe

Wdowiak, T.: Neue Tendenzen in der Herstellungstechnologie von nichtgewebten Flächengebilden nach dem Papierverfahren. Przegl. papierniczy **24** (1970) 5 (316), S. 168–170.

Faserverbundstoffe. Vliesstoffe

Young, G.: Nadelverbundstoffe: Die Probleme der Streifigkeit. Teil 2. Einige Lösungen. Textile Month (1970) 3, S. 81, 82, 84, 85.

V. Textilveredlung

Reincke, K.: Vorbehandlung von Wolle für den Druck. Textil-Praxis **25** (1970) 7, S. 419–421.

Farbstoffe. Textilhilfsmittel

Thornley, D. G. C.: Pigmente, Kunststoffe und Fortschritt. J. Soc. Dyers Colourists **86** (1970) 1, S. 13–19.

Hallas, G.: Einfluß der erweiterten konjugierten Bindungen bei einigen basischen Farbstoffen. J. Soc. Dyers Colourists **86** (1970) 6, S. 237–242.

Schraud, A.: Veredlung von spannungsempfindlichen Maschenwaren im kontinuierlichen Betrieb und im ausgebreiteten Zustand. Melliand Textilber. internat. **51** (1970) 8, S. 945–952.

Färberei

Marchi, F., Gatti, G.: Untersuchungen zur Chromierung von Diachromfarbstoffen. J. Soc. Dyers Colourists **86** (1970) 5, S. 197–200.
Christoe, J. R., Datyner, A.: Abziehen von Chlortriazin-Reaktivfarbstoffen von Wolle. J. Soc. Dyers Colourists **86** (1970) 5, S. 210–211.
Ibe, E. Ch.: Anwendung des Begriffes der Löslichkeitsparameter auf das Färben von Polymeren mit Dispersionsfarbstoffen. J. appl. Polymer Sci. **14** (1970) 3, S. 837–846.
Androsov, V. F., Bondarenko, V. S., Andreeva, K. I., Tugaj, I. D.: Oberflächenladungsdichte von Faserstoffen in Farbstoffflotten und Größe der zum Färben effektiven Oberfläche. Izv. vysšich uč. Zav. Technol. tekstil. Prom. (Hochschulnachr. Technol. Textil-Ind.) (1970) 2, S. 97 bis 100.
Sadov, F. I., Kričevskij, G. E., Movšovič, I. M.: Färben von Cellulosefasern mit Reaktivfarbstoffen. Izv. vysšich uč. Zav. Technol. tekstil. Prom. (Hochschulnachr. Technol. Textil-Ind.) (1970) 2, S. 93–96.

Druckerei

Brejtman, V. M., Senachov, A. V.: Untersuchung des Einflusses der Wechselwirkung zwischen Farbstoffen und Verdickern in Druckfarben auf die vom Gewebe beim Druck fixierte Farbstoffmenge. Izv. vysšich uč. Zav. Technol. tekstil. Prom. (Hochschulnachr. Technol. Textil-Ind.) (1970) 2, S. 100–104.
Hofstetter, R.: Die Beeinflussung der Reproduzierbarkeit von Farbtönen im Druck auf Maschenware aus Polyester- und Polyacrylnitrilfasern. Melliand Textilber. internat. **51** (1970) 8, S. 955–960.

Ausrüstung. Trocknung

Riedel, D.: Ein neues Kessel-Dekatier-Verfahren. Textilindustrie, Mönchengladbach **72** (1970) 8, S. 642–643.
Ibragimov, F., Muchamadaliev, D., Gafurov, T. G.: Synthese von Pfropfcopolymeren der Cellulose mit einem Gemisch von N-Vinyllactam und Butylmethacrylat sowie Bestimmung der Aktivitätskoeffizienten der Monomeren. Vysokomol. Soed. (Hochmol. Verbind.) Serie A **12** (1970) 7, S. 1475–1479.
Lambrinoû, I.: Bügelleichtes Leinen. Melliand Textilber. internat. **51** (1970) 8, S. 930–934.
Gießmann, H.: Maschinen und Anlagen zum Kaschieren von Geweben und Gewirken. Textil-Praxis **25** (1970) 7, S. 431–434.

VI. Werkstoffprüfung. Meß- und Prüftechnik. Standardisierung

Wegener, W., Ehrler, P.: Die verwertbare Information von Längenvariationswerten CB (L). Melliand Textilber. internat. **51** (9170) 8, S. 871–875.

Eigenschaften und Fehler der Textilmaterialien u. a.

Vroomen, F.: Die „Spektren" des Spencer/Smith- und Todd-Modells. Ann. sci. textiles belges (1970) 2, S. 67–77 (franz.).
Baumgarte, U.: Schnellbestimmung von Hydrosulfit in Küpen. Textilindustrie, Mönchengladbach **72** (1970) 8, S. 640–641.
Skwarski, T., Wroński, W.: Mengenmäßige Bestimmung des Chlors in modifizierten Chemiefasern in Mikroskala. Przegl. włókienn. (Textil-Rdsch.) **24** (1970) 6, S. 246–247.
Michajlov, N. V., Beševli, S. V.: Thermische Eigenschaften von Klebvliesstoffen mit Polyurethan als Bindemittel. Mech. Polimerov, Riga (Mech. der Polymeren) **6** (1970) 3, S. 550–552.
Egerton, G. S., Morgan, A. G.: Die Photochemie der Farbstoffe. II. Einige Aspekte des Ausbleichprozesses. J. Soc. Dyers Colourists **86** (1970) 6, S. 242–249.
von Hornuff, G., Gärtner, R.: Studien zum Oberflächenverhalten von Faserstoffen. III. Melliand Textilber. internat. **51** (1970) 8, S. 935–944.
Skwarski, T., Wroński, W.: Über Besonderheiten der Schrumpfung bei Faserstoffen aus einer Polyvinylalkohol/Kasein-Mischung. Przegl. włókienn. (Textil-Rdsch.) **24** (1970) 6, S. 247–249.
Schellenberger, G.: Der Schußverzug und seine Beseitigung. Textil-Praxis **25** (1970) 7, S. 413–417.
Dittmann, H., Henkel, H., Kaufmann, S., Lochmüller, O., Richter, H.: Dickstellen in gereckter Polyamidseide und ihre Entstehungsursachen. Teil 5. Versuche unter Produktionsbedingungen. Faserforsch. u. Textiltechnik **21** (1970) 9, S. 374–382.
Mikut, R.: Beitrag zur Bestimmung des Verhaltens von Bauschen und Fäden bei Druckeinwirkung. Teil 2. Versuchsergebnisse. Faserforsch. u. Textiltechnik **21** (1970) 9, S. 389–397.
Barella, A.: Änderung der Beständigkeit der Fäden gegen wiederholte Beanspruchung entlang der Spule während des Spinnens. Ann. sci. textiles belges (1970) 2, S. 45–66 (franz.).

Meß- und Prüftechnik

Neuer britischer Farbenatlas bietet über 27000 Varianten. Melliand Textilber. internat. **51** (1970) 8, S. 944.
Bastius, B.: Der Nissen-Tester – ein neues Gerät zum Zählen von Nissen und Verunreinigungen in Baumwoll-Bändern und Baumwoll-Lunten. Melliand Textilber. internat. **51** (1970) 8, S. 876–879.
Heeremans, C.: Beitrag zur Untersuchung des Bocking-Trapod/Walker-Prüfgerätes. Teil 3. Ann. sci. textiles belges (1970) 2, S. 31–44 (fläm.).
Heeremans, G.: Beitrag zur Untersuchung der „Dynamischen Belastungsmaschine". Ann. sci. textiles belges (1970) 2, S. 78–94.
Vaeck, S. V., Deschreider, A. R., Maes, E. C.: Ein Mikrowaschtest zur Bestimmung der Enzymwirkung. Fette, Seifen, Anstrichmittel/Ernährungsind. **72** (1970) 7, S. 573–579.
Edel, G.: Entflammbarkeit von Textilien. I. Untersuchung des spezifischen Verhaltens verschiedener Gegenstände in Abhängigkeit von den Faserstoffen, aus denen sie bestehen. Bull. Inst. Textile France **24** (1970) 148, S. 355–377.

Gruoner, S.: Betrachtungen zum Aufsatz: Genauigkeit der mittleren Wollfeinheit eines Kammzugmusters – gemessen mit dem Airflow-Gerät und dem Lanameter (Textilindustrie, Heft 6/1970). Textilindustrie, Mönchengladbach **72** (1970) 8, S. 639.

Standardisierung. Terminologie

Söll, M.: Die deutschen Farbechtheitsprüfnormen als Teil der internationalen ISO-Empfehlungen – Stand Frühjahr 1970. Textil-Praxis **25** (1970) 7, S. 421–428.
Stead, E.: Lichtechtheitsnormen. J. Soc. Dyers Colourists **86** (1970) 5, S. 210.
Zahn, H., Henning, H.-J., Blankenburg, G.: Technische Grundlagen für die Toleranzen chemischer Eigenschaften von gewaschenen und carbonisierten Wollen. Ann. sci. textiles belges (1970) 2, S. 7–29 (franz.).

VII. Betriebstechnik. Ökonomie. Tagungsberichte und dgl.. Sonderfragen

Betriebstechnik

Jašina, G. A.: Einsatz der Rechentechnik in der Leichtindustrie. Tekstil. Prom., Moskva (Textil-Ind.) **30** (1970) 5, S. 16–19. Ref.: Presse der SU, Ausg. A., Berlin 1970 98, S. 17–18.
Uebel, H., Belz, H.: EDV – Anwendungen in der Wirkerei und Strickerei. Melliand Textilber. internat. **51** (1970) 8, S. 916–923.
Letzel, R.: Verarbeitung von Prozeßdaten und -informationen zur Gewinnung technisch-ökonomischer Daten im Kombinat. Sozialist. Finanzwirtsch. (1970) 15, S. 20–24, 64.
Brauer, D.: Heißölumwälz-Heizung in der Textilindustrie. Textilveredlung, Weinfelden/Schweiz **5** (1970) S. 563–565.
Beispiel einer vorbildlichen betrieblichen Abwasser-Reinigungsanlage. Wirk.- u. Strick.-Technik **20** (1970) 8, S. 490, 492.
Bast, F.: Läger – neuralgische Punkte im Transport. Rationalisierung, München **21** (1970) 7, S. 171–175.
Jahn, J.: ISAIV – eine politische Leitungsaufgabe. Wirtschaft, Ausg. A **25** (1970) 32, S. 9.

Ökonomie

Malecki, Z.: Probleme der Forschung über die optimale Größe des Unternehmens in der polnischen Kammgarnindustrie. Przegl. włókienn (Textil-Rdsch.) **24** (1970) 6, S. 283–288.
Pätzold, G., Fischer, W.: Bedeutung der Ermittlung der Beschaffungskosten für die Betriebe der Textilindustrie. Dt. Textiltechnik **20** (1970) 8, S. 481 bis 486.
Bartölke, K.: Betriebliche Organisation als System von Beziehungen. Ind. Organis., Zürich **40** (1970) 8, S. 346–350.
Talach, R.: Das Problem des Produktionsoptimums beim Prozeß der gesellschaftlichen Planung. Przegl. włókienn. (Textil-Rdsch.) **24** (1970) 6, S. 280–282.
Poljak, T. B.: Wissenschaftliche Untersuchungen auf dem Gebiet der Ökonomie und Organisation der Textilindustrie und Beitrag der Mitarbeiter von Hochschulen. Izv. vysšich uč. Zav. Technol. tekstil. Prom. (Hochschulnachr. Technol. Textil-Ind.) (1970) 2, S. 9–12.
Endress, R.: Formen der Delegation. Rationalisierung, München **21** (1970) 7, S. 190–192.
Albrecht, G., Mayer, P.: Zu Aufgaben, Problemen und Grundlagen der Normung und Planung der geistigen Arbeit. Sozialist. Arbeitswiss. **14** (1970) 5, S. 359–374.
Haustein, H.-D., Wunderlich, L.: Die Systembewertung von Forschungs- und Entwicklungsarbeiten mit Hilfe graphenanalytischer Methoden. Wirtschaftswiss. **18** (1970) 8, S. 1190–1201.
Klimesch, W.: Die wirtschaftliche Bestellmenge. Rationalisierung. München **21** (1970) 7, S. 184–186.
Komarow, L., Antropow, J.: Saratower System – Garant hoher Qualität „Sozialistitscheskaja Industria" (lag nicht vor) Ref.: Presse der SU, Ausg. A., Berlin (1970) 94, S. 7–8; 95, S. 11–12.
Preller, W.: Entwicklungstendenzen der Neuererbewegung in der wissenschaftlich-technischen Revolution. Sozialist. Arbeitswiss. **14** (1970) 5, S. 407–419.
Speigner, W.: Zur vollen Einbeziehung der Frauen in den Betrieb und in die Arbeitsgruppe. Sozialist. Arbeitswiss. **14** (1970) 5, S. 420–427.
Rosin: Betriebliche Qualitätssicherungssysteme erhöhen die Effektivität des Reproduktionsprozesses. Wirtschaft, Ausg. A **25** (1970) 33, S. 5.
Weissenborn, G., Lamer, H.: Vorbereitung auf Dreischichtarbeit im Vier-Brigade-System. Arbeit u. Arbeitsrecht **25** (1970) 15, S. 451–459.
Rassbichler, P.: Das Büro – die Visitenkarte des Betriebes. ZwF. Z. wirtsch. Fertigung **65** (1970) 7, S. 350–351.
Ronneburger, R., Viganske, M.: Gestaltung des Systems der Planung unter besonderem Aspekt der Jahresplanung sowie der Anwendung mathematischer Methoden in Kombinaten und Großbetrieben. Dt. Textiltechnik **20** (1970) 8, S. 520–529.
Baugut, E. F.: Zur Unternehmensforschung (Operations Research) in der Textilindustrie. Sonderteil IV: Mascheníndustrie. Wirk.- u. Strick.-Technik **20** (1970) 8, S. 476, 478.
Lang, J.: Erfahrungen über die praktische Anwendung des Multimoment-Verfahrens in der Textilindustrie. Dt. Textiltechnik **20** (1970) 8, S. 495 bis 497.

Sonderfragen

Korčagin, M. V., Charcharov, A. A., Androsov, V. F., Mel'nikov, B. N., Moryganov, P. V., Belen'kij, L. I.: Die Rolle der Hochschule bei der Entwicklung der Wissenschaft über die Veredlung von Textilien. Izv. vysšich uč. Zav. Technol. tekstil. Prom. (Hochschulnachr. Technol. Textil-Ind.) (1970) 2, S. 83–92.
Zangemeister, Ch.: Grundsätze zur Aufstellung eines Zielsystems. Ind. Organis., Zürich **39** (1970) 7, S. 293–298.
Garbe, E.: MLO und Forschung. Wirtschaft, Ausg. A **25** (1970) 35, S. 12.
Wolff, B.: Planung und Steuerung des Forschungs- und Überleitungspotentials. Wirtschaft, Ausg. A **25** (1970) 35, S. 13.
Hofmann, D., Müller, J.: Eine Einführung in die systematische Heuristik. Techn. Gemeinsch. **18** (1970) 8, S. 24–35.
Lutz, Th.: Kybernetik, Portrait einer Wissenschaft. Teil 2: Die Grundbegriffe der Kybernetik. VDI-Z. **112** (1970) 15, S. 1009–1014.
Kruse, D., Scharping, H.: Wissenschaftlich begründete Fertigungstechnologie unter dem Aspekt der Nutzung der Vorzüge des Sozialismus. Fertigungstechnik u. Betrieb **20** (1970) 8, S. 450–455.

FSC
www.fsc.org
MIX
Papier | Fördert
gute Waldnutzung
FSC® C083411

Kolibri 360 GmbH
Ferdinand-Jühlke-Straße 7
99095 Erfurt, Deutschland
produktsicherheit@kolibri360.de